序

資訊(Information)可說是現今最為重要的無形資產，也是組織成功的基礎與命脈，資安事件頻傳，世界經濟論壇 2023 全球風險報告將大型網路犯罪與威脅列為未來兩年內前十大風險之一，如何有效保護公司的資產，避免因為機密外洩，造成公司重大損失，已成為企業永續經營管理重要課題。

近年重大資安事件包含科技大廠、各金融機構遭駭客勒索鉅額贖金、遠距辦公成為資安防護漏洞，資安事件頻傳造成重大損失，ISO/IEC 27001:2022 資訊安全、網宇安全及隱私保護新版並於 2022 年 10 月 25 日正式公告，許多組織需要配合最新資訊環境改變與法令要求進行必要防護與稽核，變免組織成為攻擊目標，如何善用 AI 稽核相關技術，強化資通安全管理與有效稽核已成重要課題。唯有改變傳統無效查核方式，善用稽核專業工具方能提高查核之效果效率。

本教材以資訊安全「防火牆管理查核」稽核為實例，提供非純資訊背景的稽核人員也可以快速了解如何透過 JCAATs AI 稽核軟體進行防火牆控制有效性查核，在新時代可以有效的使用新的工具(Modern Tools for Modern Time)，方能快速有效完成各項資安稽核工作，成為組織資訊資產的守門員。

JCAATs 為 Python-Based AI 新世代的通用稽核軟體，具有更多的 AI 人工智慧功能包含機器學習、文字探勘及 OEPN DATA 連結器等，讓稽核工具的使用從傳統的大數據資料分析，升級到 AI 人工智慧新稽核，歡迎會計師、內部稽核、資安專責人員等，一起加入學習的行列！

JACKSOFT 傑克商業自動化股份有限公司
黃秀鳳總經理
2023/09/05

前言

防火牆是目前所有企業與機關組織都具備的基本資訊安全防護設備；然而，國外調查發現許多的資訊安全事件，起因於防火牆的組態設定不佳或是不當的防火牆政策規則。因此，在各式的資通安全稽核項目中，防火牆的查核及變更控制程序，一直為重要的查核主題。但是，龐雜的防火牆原廠手冊與各家不同的組態設定參數或系統畫面，容易使得稽核人員望之卻步，不知道如何下手較為適當。

本手冊內容從法規與資通安全防護標準出發，說明防火牆的基本運作原理及組織管理層面建議推行的防火牆政策申請與變動程序；後續則基於 ISO 27001 資訊安全管理系統的控制項目以及國際資安組織 SANS (System Administration, Networking and Security) 防火牆查核清單，介紹相關的查核原則及程序。尤其針對防火牆政策規則也說明了常見的檢視方法以及分析程序。

防火牆日誌分析是瞭解防火牆組態設定與政策規則變動結果的具體稽核軌跡來源，更可用於監控與探索潛在的異常網路活動。但是各設備廠商不同的日誌格式以及龐大的資料量，一般多需要配合採用專業昂貴的資安事件防護管理系統進行分析。本教材展現了 CAATs 通用稽核軟體的資料前置處理靈活性及資料分析效率，以示例說明資料匯入與分析方式，希望能拋磚引玉，引發更多相關的電腦輔助查核應用，望請各界惠予指教建議。

孫嘉明　謹識於雲林科技大學
2023/09/05

電腦稽核專業人員十誡

ICAEA 所訂的電腦稽核專業人員的倫理規範與實務守則，以實務應用與簡易了解為準則，一般又稱為『電腦稽核專業人員十誡』。 其十項實務原則說明如下：

1. 願意承擔自己的電腦稽核工作的全部責任。
2. 對專業工作上所獲得的任何機密資訊應要確保其隱私與保密。
3. 對進行中或未來即將進行的電腦稽核工作應要確保自己具備有足夠的專業資格。
4. 對進行中或未來即將進行的電腦稽核工作應要確保自己使用專業適當的方法在進行。
5. 對所開發完成或修改的電腦稽核程式應要盡可能的符合最高的專業開發標準。
6. 應要確保自己專業判斷的完整性和獨立性。
7. 禁止進行或協助任何貪腐、賄賂或其他不正當財務欺騙性行為。
8. 應積極參與終身學習來發展自己的電腦稽核專業能力。
9. 應協助相關稽核小組成員的電腦稽核專業發展，以使整個團隊可以產生更佳的稽核效果與效率。
10. 應對社會大眾宣揚電腦稽核專業的價值與對公眾的利益。

目錄

頁碼

AI Audit Expert

Python Based 人工智慧稽核軟體

AI稽核實務個案演練
資通安全電腦稽核
-防火牆管理查核實例演練

傑克商業自動化股份有限公司

JACKSOFT為經濟部能量登錄電腦稽核與GRC(治理、風險管理與法規遵循)專業輔導機構，服務品質有保障

國際電腦稽核教育協會
認證課程

AI Audit Expert

資通安全稽核
-法規與稽核挑戰

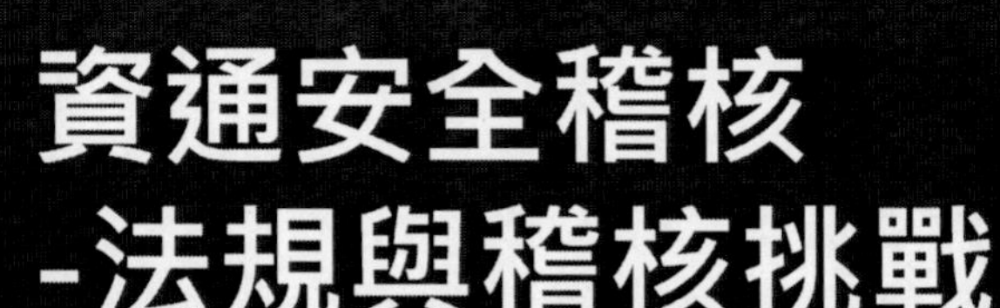

近年重大資安事件回顧

科技廠陸續遭駭客勒索巨額贖金

遠距辦公成為資安防護漏洞

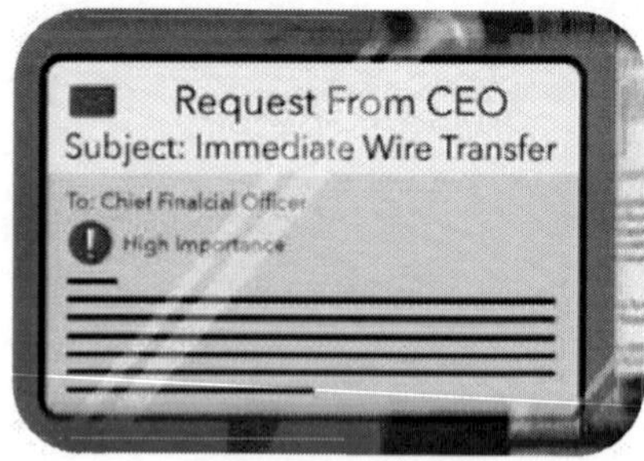

BEC商務郵件詐騙大舉坑殺企業

NAS遭勒索軟體攻擊(SQL Injection)

Exchange郵件伺服件零時差攻擊

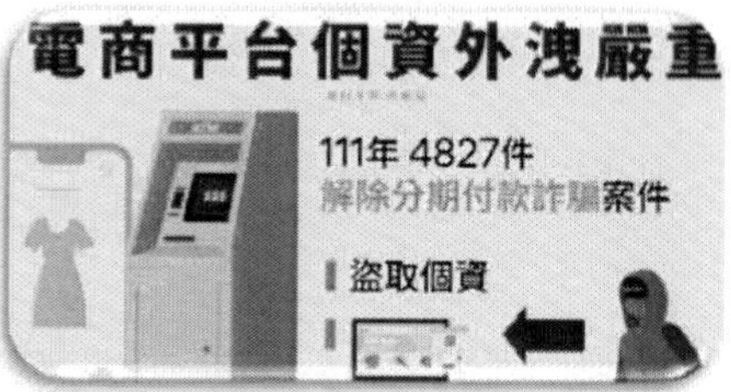

電商個資外洩導致詐騙事件頻傳

年報及公開說明書應揭露重大資安風險

- 「公開發行公司年報應行記載事項準則」、「公司募集發行有價證券公開說明書應行記載事項準則」
  - 規定風險評估應分析事項：科技改變（包括資通安全風險）及產業變化對公司財務業務之影響及因應措施
- 111年1月26日修正[營運概況]應記載資通安全管理：
  - 敘明資通安全風險管理架構、資通安全政策、具體管理方案及投入資通安全管理之資源等
  - 列明最近年度及截至年報刊印日止，因重大資通安全事件所遭受之損失、可能影響及因應措施

上市櫃公司發生資安事件造成重大影響應發布重訊

將資通安全事件明確表示屬重大訊息、應即時發布

證交所於110年4月27日修訂「對上市公司重大訊息之查證暨公開處理程序」**第四條第二十六項：**

二十六、發生災難、集體抗議、罷工、環境污染、資通安全事件或其他重大情事，致有下列情事之一者：（一）造成公司重大損害或影響者；（二）經有關機關命令停工、停業、歇業、廢止或撤銷污染相關 許可證者；（三）單一事件罰鍰金額累計達新台幣壹佰萬元以上者。

櫃買中心於110年4月29日修訂「對上櫃公司重大訊息之查證暨公開處理程序」**第四條第二十六項：**

二十六、發生災難、集體抗議、罷工、環境污染、資通安全事件或其他重大情事，致有下列情事之一者：（一）造成公司重大損害或影響者；（二）經有關機關命令停工、停業、歇業、廢止或撤銷污染相關 許可證者；（三）單一事件罰鍰金額累計達新台幣壹佰萬元以上者。

法規名稱：臺灣證券交易所股份有限公司對有價證券上市公司重大訊息之查證暨公開處理程序
在2021/4/27公布的異動條文中，包含修正發布第4條、第11條條文。其中第四條有關上市公司重大訊息事項中，第二十六項首度將資通安全事件明確定義在法條之內。

國內資安曝險調查

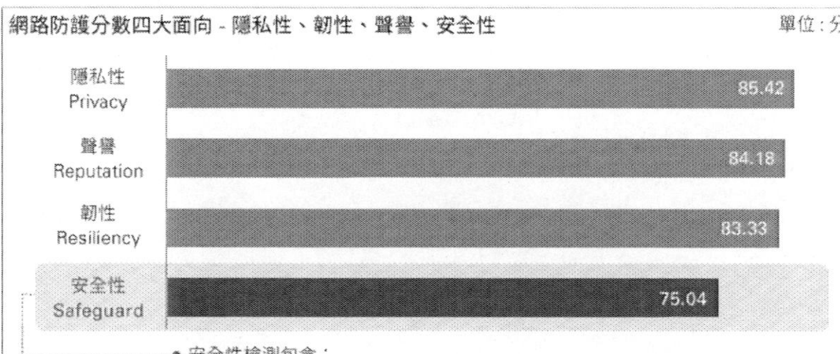

網路防護分數 - 安全性（依產業區分） 單位：分

產業	分數
金融業	87.37
製造業	74.48
電子零組件製造業	70.22
通訊業	65.25
電腦及周邊設備製造業	63.35

https://assets.kpmg/content/dam/kpmg/tw/pdf/2021/03/tw-kpmg-cyber-risk-report-2021.pdf

資安控制與稽核的困境：
缺乏可信任或易於理解的資訊來源

圖片來源

圖片來源　　圖片來源

| AI Audit Expert

防火牆查核重要性與相關法規

電腦稽核的範疇 -法令遵循觀點

- 公開發行公司**使用電腦化資訊系統處理者**，其內控制度除**資訊部門**與**使用者部門**應**明確劃分權責**，應包括下列控制作業要項。

控制作業要項	
1.資訊處理部門之功能及職責畫分	7.檔案及設備之安全控制
2.系統開發及程式修改之控制	8.硬體及系統軟體之購買、使用及維護之控制
3.編製系統文書之控制	9.系統復原計畫制度及測試程序之控制
4.程式及資料之存取控制	**10. 資通安全檢查之控制**
5.資料輸出入之控制	11. 向行政院金融監督管理委員會指定網站進行公開資訊申報相關作業之控制
6.資料處理之控制	

何謂「資通安全」？- 內控問答集觀點

依據「公開發行公司建立內部控制制度處理準則問答集」
年度稽核計畫並至少應將取得或處分資產、從事衍生性商品交易、 ...資通安全檢查及處理準則第7條規定之銷售及收款循環、採購及付款循環等重要交易循環，列為每年年度稽核計畫之稽核項目。

- 之前**舊有說明 (2012/01/20公告):**
- 「資通安全」旨在強調企業應建立安全防火牆之觀念，係行政院主計處電子處理資料中心所發布之統一名稱，詳細....。

- 最新修訂內容((**111.01.11 修正公告**):
- **「資通安全」一詞已於資通安全管理法明文定義**，詳細內容可逕自上網查詢或下載(行政院國家資 通安全會報/資安法專區 https://nicst.ey.gov.tw/Page/EB237763A1535D65)。
- 公司於設計關於資通安全管理之控制作業時，可參考臺灣證券交易所股份有限公司及財團法人 中華民國證券櫃檯買賣中心發布之「**上市上櫃公司資通安全管控指引**」（查詢網址： www.twse.com.tw/zh ），以強化資通安全防護管理機制。

政府機關各資安等級，應辦理之工作事項

依據資通安全管理法第七條 第一項規定, 訂定「資通安全責任等級分級辦法」

資安等級	業務持續運作演練	防護縱深	監控管理	安全性檢測
A	每年至少辦理 1 次核心資訊系統持續運作演練	1.防毒、**防火牆**、郵件過濾裝置 2.**IDS/IPS**、**Web應用程式防火牆** 3.APT攻擊防禦	SOC監控	1.每年至少辦理 2次網站安全弱點檢測 2.每年至少辦理 1 次系統滲透測試 3.每年至少辦理 1 次資安健診
B	每2年至少辦理 1 次核心資訊系統持續運作演練	1.防毒、**防火牆**、郵件過濾裝置 2. **IDS/IPS** 3. **Web應用程式防火牆**(機關具有對外服務之核心資訊系統)	SOC監控	1.每年至少辦理 1 次網站安全弱點檢測 2.每2年至少辦理 1 次系統滲透測試 3.每2年至少辦理 1 次資安健診
C	依各主管機關規定	1.防毒 2.**防火牆** 3.郵件過濾裝置(機關具有郵件伺服器)	依各主管機關規定	每2年至少辦理 1 次網站安全弱點檢測、系統滲透測試、資安健診

防火牆設定檢視為資通安全防護/資安健檢重要項目

(資通安全管控指引)

- 第十八條、具備下列資安防護控制措施：
- 一、防毒軟體。
- 二、網路防火牆。
- 三、如有郵件伺服器者，具備電子郵件過濾機制。
- 四、入侵偵測及防禦機制。
- 五、如有對外服務之核心資通系統者，具備應用程式防火牆。
- 六、進階持續性威脅攻擊防禦措施。
- 七、資通安全威脅偵測管理機(SOC)。

資通安全防護	防毒軟體
	網路防火牆
	電子郵件過濾機制
	入侵偵測及防禦機制
	應用程式防火牆

安全性檢測	網站安全弱點檢測	全部核心資通系統每年辦理 1 次。
	系統滲透測試	全部核心資通系統每 2 年辦理 1 次。
資通安全健診	網路架構檢視	每 2 年辦理一次。
	網路惡意活動檢視	
	使用者端電腦惡意活動檢視	
	伺服器主機惡意活動檢視	
	目錄伺服器設定及防火牆連線設定檢視	

常見資安偵測防護設備

部署項目	防護項目	防護類型
防火牆 (Firewall) 監控防護	分析網路連線異常行為，防範服務過載、訊 息洪流、DoS 阻斷服務及違反網路阻斷機制 行為	網路型
網路型入侵防禦系統(NIPS)	即時監控及攔阻機關各網段異常傳輸的封包，透過檢查網路封包內容的方式，防範入 侵行為	網路型
主機型入侵防禦系統(HIPS)	分析重要主機與應用系統上的一些日誌檔案或目錄，透過檢查主機上檔案目錄的狀態機　密性、可用性與完整性，防範入侵行為(如保　護程式/程序/檔案/目錄/資料，不被非授權存取竊取、破壞、篡改與置入等)	主機型
網站防護	監控企業網站異常事件，防範如網頁遭置 換、網頁遭置入惡意程式與惡意留言等	主機型
網頁應用程式防火牆監控(如WAF)	偵測與防護網際網路 Web 應用程式攻擊行 為，如 OWASP 公布之攻擊等(如 XSS、Injection Flaws 等)	網路型
惡意程式監控防護	整合企業防毒系統(如防毒伺服器，防毒閘道 器)以其日誌資料分析風險之監控防護	主機型

防火牆的重要性

- 避免內部網路直接暴露在外
- 形成內部網路與網際網路的咽喉點(Choke Point)，是網路管理者**落實安全政策**的重點
- 網路安全可以**集中管理**，有效控制了所有封包的來源、目的地、流向、及應用服務
- 可以有效地**記錄及監控**企業與網際網路活動
- 進階的防火牆尚可主動偵測防止入侵，並可**稽核與阻擋**非法存取

常見防火牆安全控管原則

金融機構辦理電子銀行業務安全控管作業基準
第十一條 管理面之安全需求及安全設計，二 、 管理面之安全設計

防護措施	安全設計
建立安全防護策略 (券商資通安全檢查) b.防火牆之安全管理： (a)應建立防火牆。 (b)防火牆應有專人管理。 (c)防火牆進出紀錄及其備份應至少**保存X個月**。 (d)重要網站及伺服器系統（如網路下單系統等）應以防火牆與外部網際網路隔離。 (e)防火牆系統之**設定應經權責主管之核准**。 (f)公司應每年定期檢視並維護防火牆存取控管設定，並留存相關檢視紀錄。	應以下列方式處理及管控 ： 1 、 系統應依據網路服務需要區分網際網路 、 **非軍事區** (**Demilitarized Zone；以下簡稱DMZ)** 、 營運環境及其他(如內部辦公區) 等區域 ， 並使用防火牆進行彼此間之存取控管 。 機敏資料僅能存放於安全的網路區域 ， 不得存放於網際網路及 DMZ 等區域 。 對外網際網路服務僅能透過 DMZ 進行 ， 再由 DMZ 連線至其他網路區域 。 2 、 應檢視防火牆及**具存取控制(Access control list** ， ACL) 網路設備之設定 ， 至少每年一次 ； 針對**高風險設定** (如 Any IP, Any port 等) 及六個月內無**流量之防火牆規則**應評估其必要性與風險 ； 針對已下線系統或無作業需求應停用防火牆規則 。 ... 5 、 應建立上網管制措施 ， 限制連結非業務相關網站 ， 以避免下載惡意程式 。

防火牆使用挑戰與缺失

- 缺乏足夠資安專業人才 (規劃、執行、監控、稽核)
- 是否有效配合內部需求，適當變更防火牆路由等通訊設定
- 防火牆各項設定是否符合產業最佳實務或公司規範
  - **99%的防火牆被突破事件都是因為設定錯誤**
  - **人工變更設定**過程中，容易提高人為失誤風險

- 網路攻擊的複雜性和持續性增加，防火牆難以針對單點進行防護
- 不同廠牌間防火牆的資訊無法快速有效統合
- 防火牆日誌資料量龐大分析頗俱挑戰性

AI Audit Expert

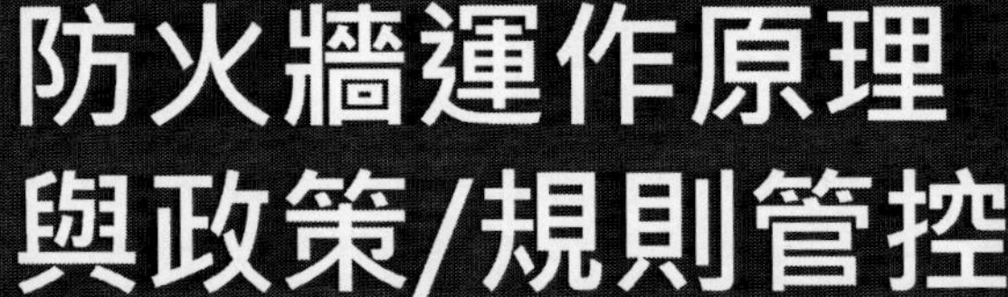

防火牆原理與定義

- **定義**：在兩個或多個網路間，用來**強制執行網路安全政策**的一個或一組系統
  - **基本功能：切割網段**（信任與不信任區域）與保護**信任區域**
  - 過濾可接受與不可接受的封包
  - 限制封包的來往交換，包括來源及目的主機位址、通訊協定、服務、流通方向等

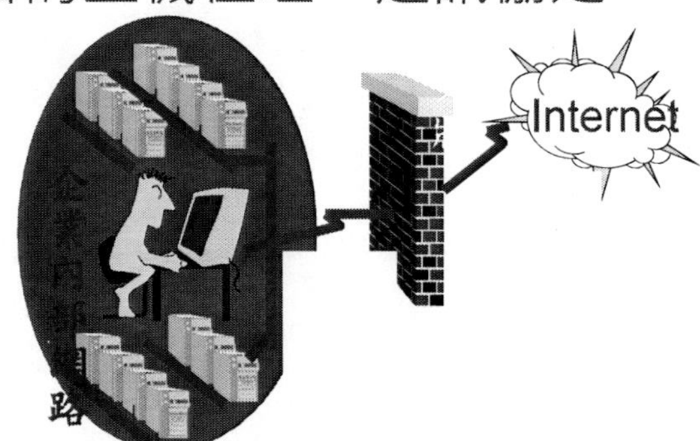

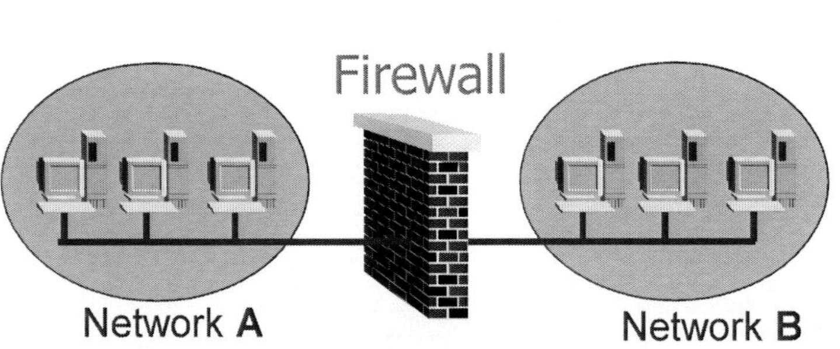

https://www.slideserve.com/yoshe/5680759

常見防火牆品牌與主要功能

- 常見防火牆品牌：Check Point、Juniper、Cisco、Fortinet、Palo Alto、 Sophos等
- UTM (Unified threat management; 整合式威脅管理：此設備整合防火牆、入侵偵測及防禦及閘道防毒等功能，含第二代防火牆)
- 提供Web UI介面供使用者檢視、分析、設定及產生報表
- 操作管理介面可提供多重使用者使用，並依使用者不同給予不同權限
- 可自行定義警告通知事件之重要層級
- 能針對特定安全政策遭到變更時產生警訊

JCAATs-AI Audit Software
Copyright © 2023 JACKSOFT.

傳統切割網段方式

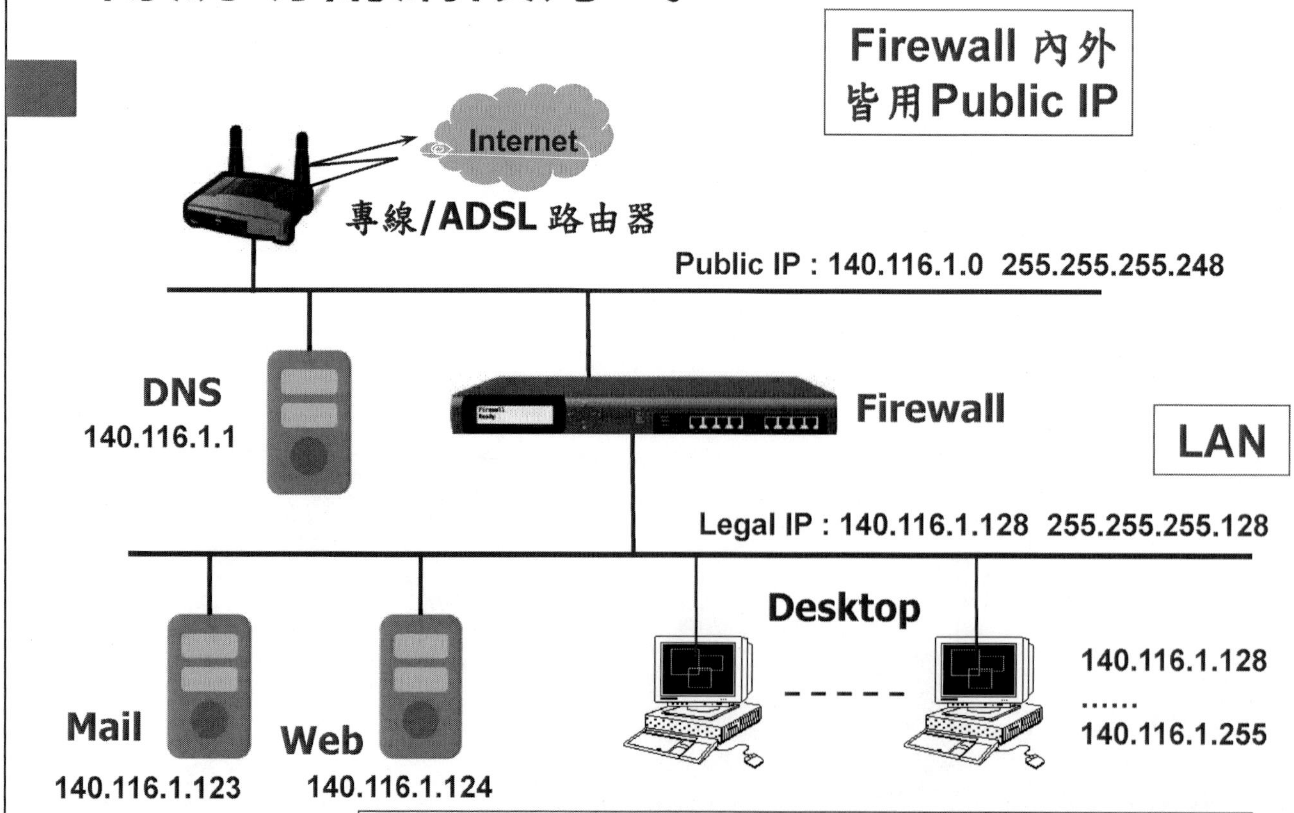

Firewall 內外
皆用Public IP

安裝防火牆所有內部機器預設閘道器設定為防火牆內部IP

NAT 應用結構

Firewall 內部(LAN)使用 Private IP

適用於真實IP不多的單位 (如 ADSL)

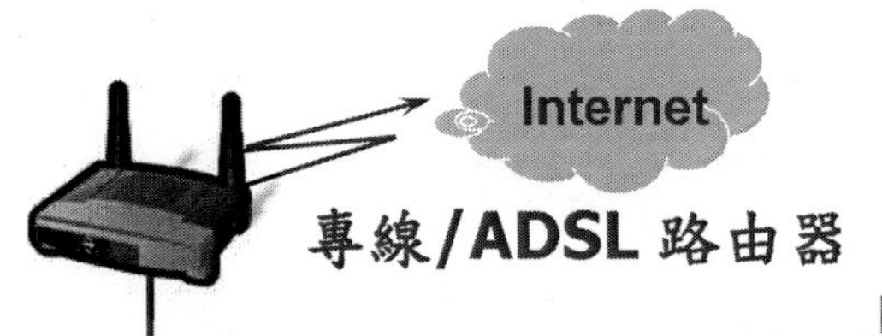

Legal IP : 140.116.1.0 255.255.255.128

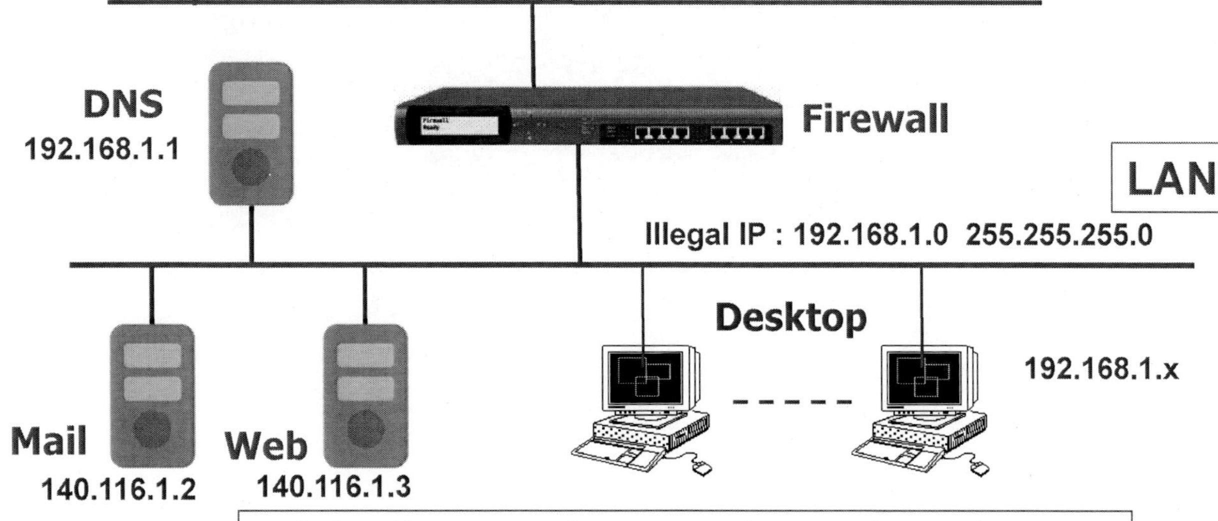

安裝防火牆所有內部機器預設閘道器設定為防火牆內部IP

使用DMZ區段開放對外主機

- DMZ「非軍事區」(De-Military Zone)用途：
- 作為企業內部網路與外部網路的緩衝區
- 制訂不同的保全政策(開放特定的服務或通訊埠)
- 對外避免主機被入侵後危及內部網路
- 對內可管制稽核內部人員存取主機

- 適用對象：
  - 1. 提供服務給外界存取(如: Web、FTP、DNS 等。
  - 2. 沒有重要機密資料。
  - 3. 即使被入侵或病毒感染，也不會有重大損失。

- 控管規則：
  - 1. LAN 和 WAN 到 DMZ 均可通（外至內通訊全開）
  - 2. DMZ 到 LAN 和 WAN 均不通（內至外通訊全關）
  - 3. 通常可用實體設備 port加以控管

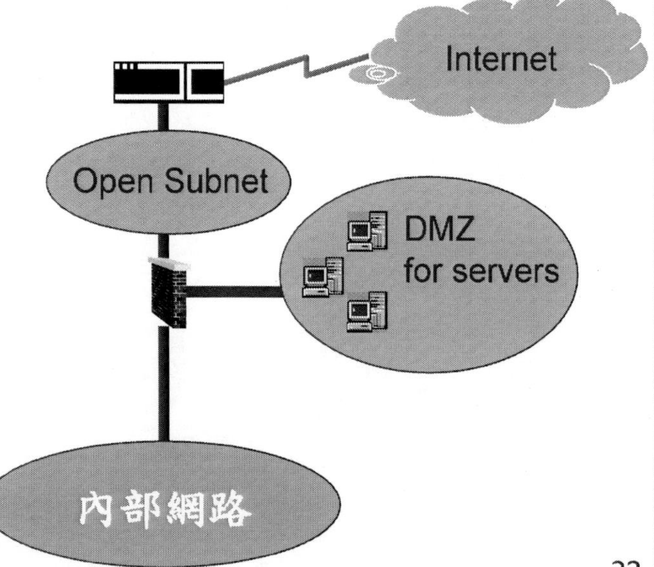

應用DMZ分割網段

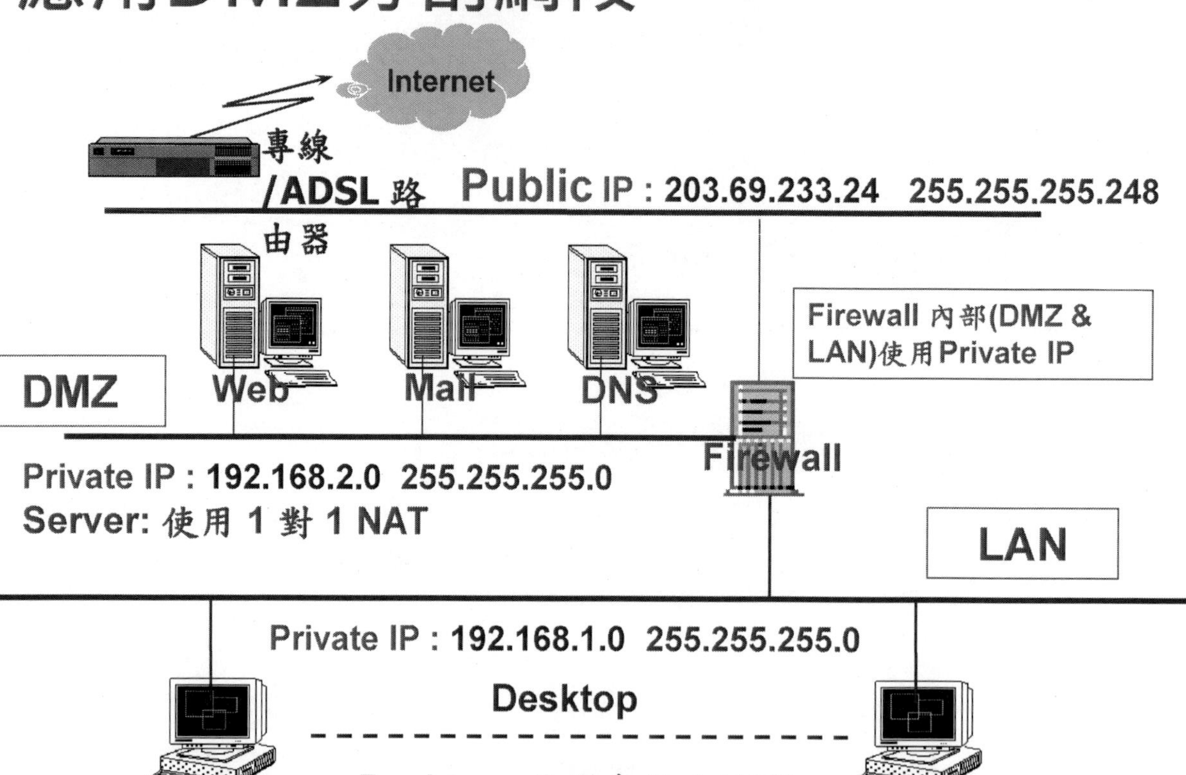

多層次防火牆防護

Internet

專線
/ADSL 路
由器

內網與外網間
安全防護

Core
RouteSwitch

部門別
安全防護

行政單位

部門別
安全防護

研發單位

部門別
安全防護

資訊部門

部門別
安全防護

業務部門

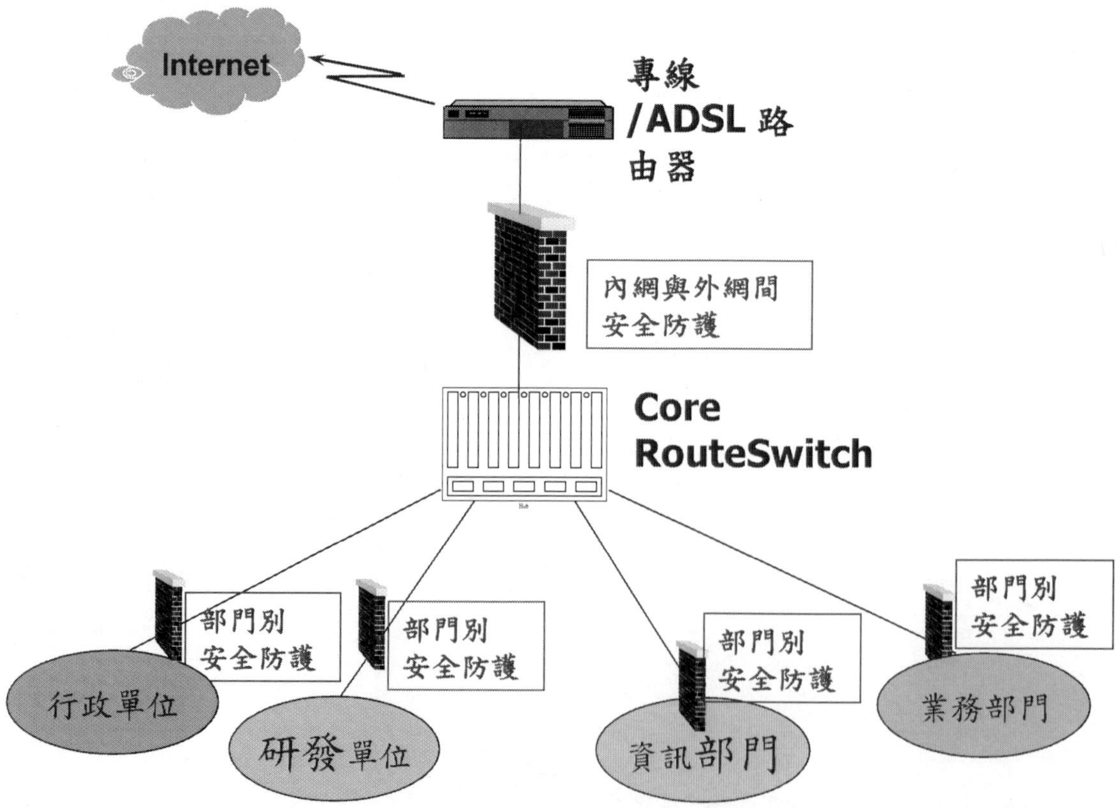

不同類型防火牆：封包過濾

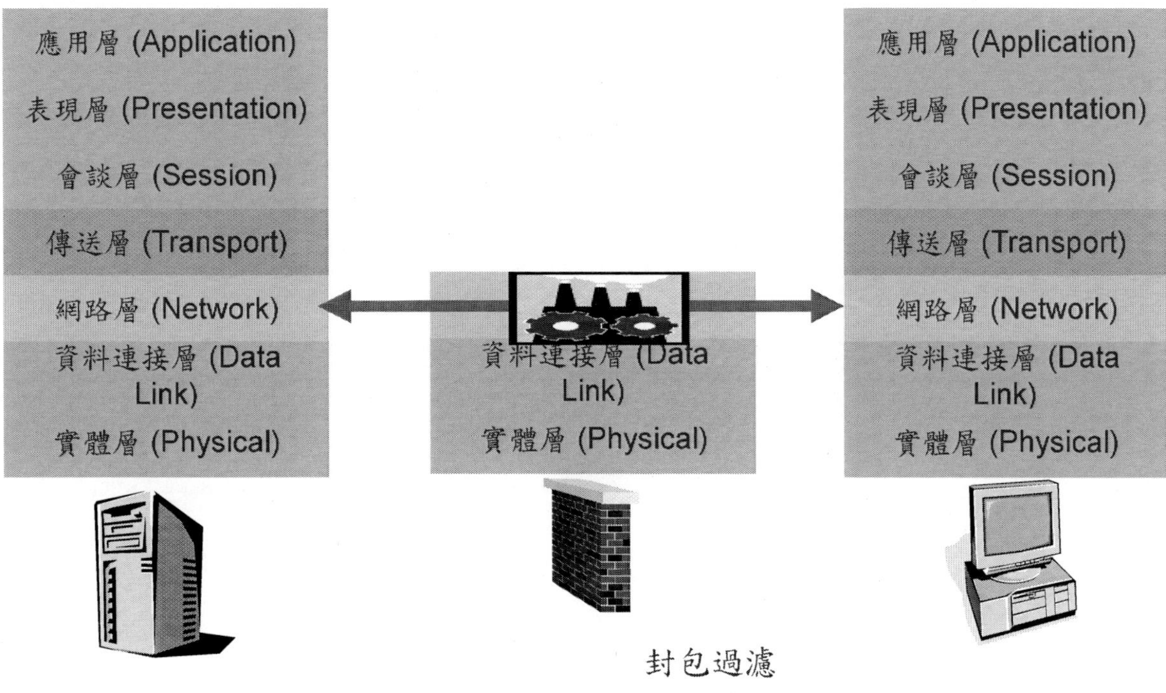

應用層 (Application)
表現層 (Presentation)
會談層 (Session)
傳送層 (Transport)
網路層 (Network)
資料連接層 (Data Link)
實體層 (Physical)
資料連接層 (Data Link)
實體層 (Physical)
應用層 (Application)
表現層 (Presentation)
會談層 (Session)
傳送層 (Transport)
網路層 (Network)
資料連接層 (Data Link)
實體層 (Physical)
封包過濾
Packet Filtering

不同類型防火牆：應用層閘道

又稱代理 (Proxy) 服務，是一個在防火牆主機上執行的特定應用程式 Proxy 接受使用者對Internet 服務(HTTP, FTP, Telnet) 請求，並**依據對此站台的安全策略**，決定是否將請求**傳送給真正的服務**

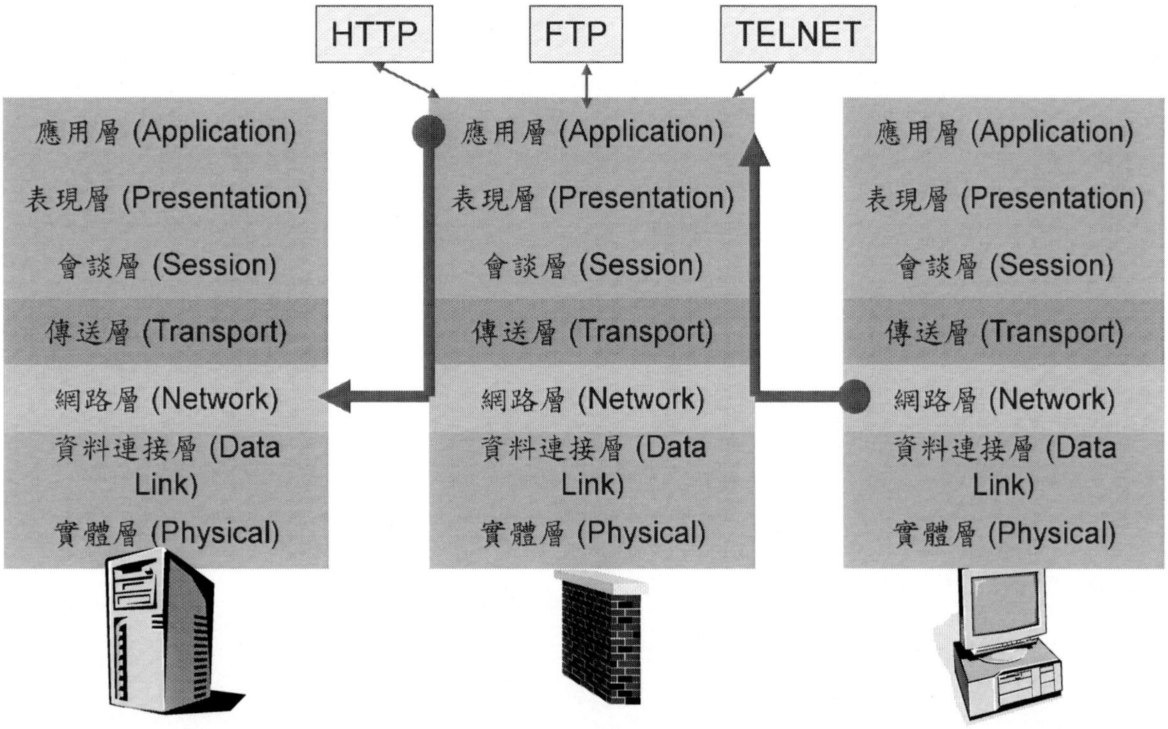

HTTP
FTP
TELNET
應用層 (Application)
表現層 (Presentation)
會談層 (Session)
傳送層 (Transport)
網路層 (Network)
資料連接層 (Data Link)
實體層 (Physical)
應用層 (Application)
表現層 (Presentation)
會談層 (Session)
傳送層 (Transport)
網路層 (Network)
資料連接層 (Data Link)
實體層 (Physical)
應用層 (Application)
表現層 (Presentation)
會談層 (Session)
傳送層 (Transport)
網路層 (Network)
資料連接層 (Data Link)
實體層 (Physical)

防火牆比對哪些項目？

- 檢查每一個通過的封包，依據事先定義好的規則而執行***放行***或***阻擋***的工作
- 依據封包標頭內容作檢查
  - 來源地的 IP 位址(Source IP Address)
  - 目的地的 IP 位址(Destination IP Address)
  - 協定(TCP, UDP, ICMP,...)
  - TCP或UDP的來源埠
  - TCP或UDP的目的埠
  - ICMP的訊息種類

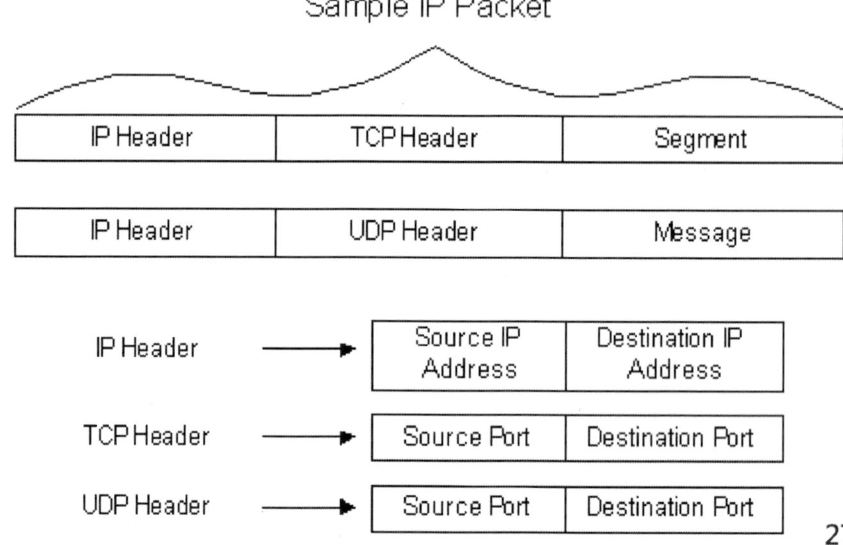

圖片來源：Microsoft

防火牆預設擋下哪些 IPv4 位址？

位址網段 (CIDR)	範圍	位址數	效用域	用途
0.0.0.0/8	0.0.0.0 – 0.255.255.255	16,777,216	軟體	用於廣播資訊到目前主機。[1]
10.0.0.0/8	10.0.0.0 – 10.255.255.255	16,777,216	專用網路	用於專用網路內的本地通信。[2]
127.0.0.0/8	127.0.0.0 – 127.255.255.255	16,777,216	主機	用於到本地主機的環回位址。[4]
169.254.0.0/16	169.254.0.0 – 169.254.255.255	65,536	子網路	用於單鏈路的兩個主機之間的本地鏈路位址，而沒有另外指定IP位址，例如通常從DHCP伺服器所檢索到的IP位址。[5]
172.16.0.0/12	172.16.0.0 – 172.31.255.255	1,048,576	專用網路	用於專用網路中的本地通信。[2]
192.0.0.0/24	192.0.0.0 – 192.0.0.255	256	專用網路	用於IANA的IPv4特殊用途位址表。[6]
192.168.0.0/16	192.168.0.0 – 192.168.255.255	65,536	專用網路	用於專用網路中的本地通信。[2]
224.0.0.0/4	224.0.0.0 – 239.255.255.255	268,435,456	網際網路	用於多播。[11]
240.0.0.0/4	240.0.0.0 – 255.255.255.254	268,435,456	網際網路	用於將來使用。[12]
255.255.255.255/32	255.255.255.255	1	子網路	用於受限廣播位址。[12]

https://zh.wikipedia.org/wiki/保留IP地址

防火牆預設擋下哪些 IPv6 位址？

位址網段（CIDR）	範圍	位址數	效用域	用途
::/128	::	1	軟體	未指定位址。
::1/128	::1	1	主機	用於到本地主機的環回位址。
::ffff:0:0/96	::ffff:0:0 – ::ffff:ffff:ffff (::ffff:0.0.0.0 – ::ffff:255.255.255.255)	2^{32}	軟體	IPv4對映位址。
100::/64	100:: – 100::ffff:ffff:ffff:ffff	2^{64}		RFC 6666中廢除的字首。
64:ff9b::/96	64:ff9b:: 64:ff9b::ffff:ffff (64:ff9b::0.0.0.0 – 64:ff9b::255.255.255.255)	2^{32}	全球網際網路[13]	用於IPv4/IPv6轉換。（RFC 6052）
ff00::/8	ff00:: – ffff:ffff:ffff:ffff:ffff:ffff:ffff:ffff	2^{120}	全球網際網路	用於多播位址。

https://zh.wikipedia.org/wiki/保留IP地址

常見通訊埠(Port)

- 常見通訊埠及服務名稱 (其他可上網搜尋"常見通訊埠")
- 公司應當依據所佈置的服務及管理政策, 決定那些通訊埠放行或停用

Service	Port
Web server	80/tcp
SSL (Secure Sockets Layer) Web server	443/tcp
FTP	20、21/tcp
POP3	110/tcp
SMTP	25/tcp
Remote Desktop (Terminal Services)	3389/tcp
IMAP3	220/tcp
IMAP4	143/tcp
Telnet	23/tcp
SQL Server	1433/tcp
LDAP	389/tcp
MSN Messenger	1863/tcp
Yahoo! Messenger	5050/tcp
AOL Instant Messenger and ICQ	5190/tcp
IRC (Internet Relay Chat)	6665-6669/tcp
DNS	53/udp
SSH	22/tcp

網路服務存取政策與防火牆設定

- 網路安全政策
  - 網路服務存取政策(policy)：文字陳述性描述
    - 防火牆管制開放申請單
  - 防火牆政策管理：實際防火牆設定規則組(ruleset)
    - 防火牆規則建議採用白名單方式，正面設定允許通過的連線服務規則；規則清單的最後一項應設定為拒絕所有連線，以阻斷不當存取。

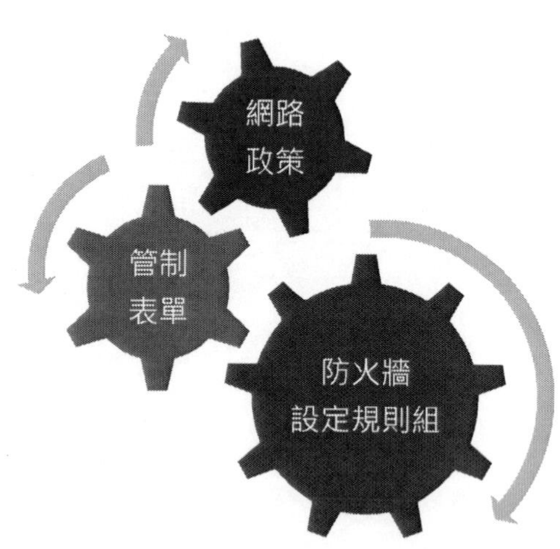

規則預設值與執行程序

- 預設規則：Deny All & Permit All
- 比對方式：由上至下逐條比對
  比對發現符合的規則，就執行對應的處理動作，不再繼續往下比對

- **Deny ALL：**
  預設值 "拒絕" ,沒有許可就是拒絕
  不安全狀態 Fail-Safe Stance
  "正面表列"
  較安全的策略

- **Permit ALL：**
  預設值是 "允許" ,沒有禁止就是允許
  "負面表列"
  較不安全的策略

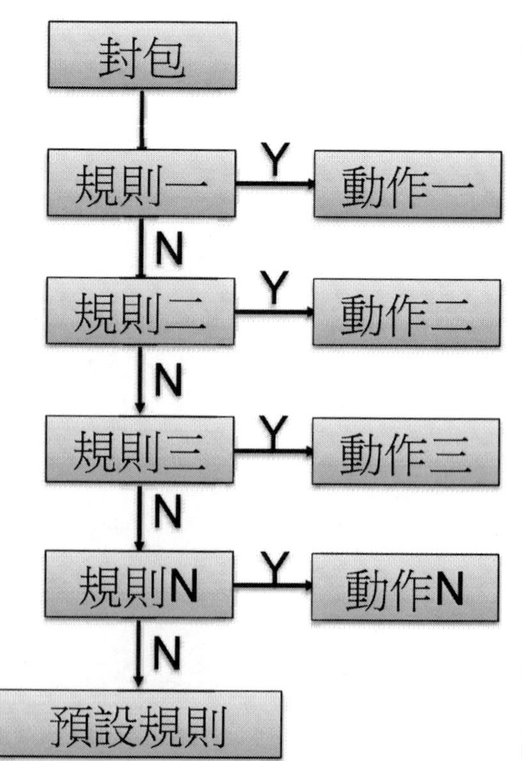

網路服務存取政策示例：HTTP

Service	Policy		Policy
	Inside to Outside	Outside to Inside	
HTTP	Yes	No	All WWW servers intended for access by external users will be hosted outside the XXA firewall.

應用防火牆設計政策

Numbers	Outside	Port	inside	Port	Action	describe
5	*any*	*80/TCP*	*any*	*any*	*Permit*	

網路服務存取政策示例：FTP控管

Service	Policy		Policy
	Inside to Outside	Outside to Inside	
FTP	Yes	No	FTP access will be allowed from the internal network to the external. For transmission of sensitive information, VPN' s should be implemented. No FTP access will be allowed externally through the Firewall to FTP servers within XXA' s trusted network.

對應防火牆設計政策

Numbers	Outside	Port	inside	Port	Action	describe
1	*any*	*20/TCP*	*any*	*any*	*Permit*	
2	*any*	*21/TCP*	*any*	*any*	*Permit*	
3	*any*	*any*	*168.95.x.x*	*20/TCP*	*Deny*	
4	*any*	*any*	*168.95.x.x*	*21/TCP*	*Deny*	

防火牆規則參考示例

防火牆		
	外對內	1.預設Deny all 2.但局部開放3389、22、ICMP等服務埠（或依連線來源需求調整, 如3389用於遠端桌面連線、port 22用於SSH遠端登入）。
	內對外	1.預設Deny all 2.內網開通DNS、ICMP、NTP、HTTP、HTTPS

服務名稱	協定類型	服務埠號	說明
DNS	UDP	53	網域查詢用
ICMP	All	All	網路測試
NTP	UDP	123	網路校時
HTTP	TCP	80	HTTP
HTTPS	TCP	443	加密的HTTP 連線
DHCP	UDP	67、68	內部主機取得IP 使用
Windows 啟用	TCP	8530	取得 Windows 版權授權用

AI Audit Expert

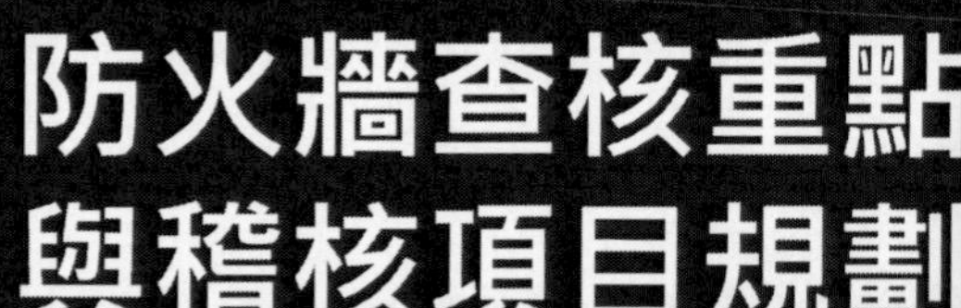

防火牆查核重點與稽核項目規劃

資安稽核規劃與防火牆稽核

- 審視資訊安全政策與防火牆相關管理規範
- 是否視資訊安全管理需要，指定專人或專責單位負責規劃與執行資訊安全工作
- 查閱資訊安全稽核計畫及瞭解施行狀況

- 審視單位網路架構圖
  - 網段分隔情況
  - 重要網站及伺服器應以防火牆與外部網際網路隔離
  - 設備/線路的備援方式
- 詢問防火牆設定變更申請程序與相關表單紀錄
- 審視防火牆設定變更有無申請與核准紀錄
- 審視防火牆設定變更時有無進行 Config 備份
- 防火牆進出紀錄設定規則及其備份頻率與保存期限

防火牆重要查核範圍

通訊安全-部署規劃

新設定前的組態檔備份，**設定後的測試**，錯誤還原

服務水準協議（Service Level Agreement,SLA)

容量（頻寬、負載量）預先規劃，新系統驗收，測試紀錄、操作要求

通訊安全–作業管理

設定檔備份、規則備份（多久備份一次、存在哪、存多久、**誰可取用、保護措施**）

事件紀錄(LOG)（存在哪、存多久、誰可用、保護措施）

鐘訊同步: 避免異常誤判、數位證據的真確性

存取控制

管理者帳號管理（管理者帳號的使用）

管理者通行碼管理（管理者密碼的規則）

管理者職務異動（職務異動時帳號或密碼的處置）

系統帳號的審查（系統紀錄的檢視）

防火牆規則定期清查（與申請紀錄的對映比較，那些是限制性開放、那些已達開放時效）

SANS Firewall Checklist-1

Review the rule sets to ensure that they follow the order as follows: (規則組審查)

- Anti-spoofing filters(反欺騙過濾器) (blocked private address, internal address appearing from the outside攔截由外而內的私有位址, 詳參Checklist 5)
- User permit rules(用戶許可規則)(e.g. allow HTTP to public webserver例如允許內對外面的HTTP連線)
- Deny and Alert(拒絕並警告) (alert systems administrator about traffic that is suspicious)
- Deny and log (拒絕和記錄)(log remainng traffic for analysis)

Firewalls operate on **a first match basis**, thus the above structure is important to ensure that suspicious traffic is kept put instead inadvertently allowing them in by not following the proper order.

引用來源: https://www.sans.org/media/score/checklists/FirewallChecklist.pdf

SANS Firewall Checklist-2

Logging (記錄)

- **Ensure that logging is enabled** 確認log啟動記錄 and that the logs are reviewed to identify any potential patterns that could indicate an attack.

Patches and updates (軟體更新)

- Ensure that the **latest patches and updates** relating to your firewall product is tested and installed(確保已採用最新的更新套件).
- If patches and updates are automatically downloaded **from the vendors' websites**, ensure that the update is **received from a trusted site(只向信任的廠商網站下載更新程式)**.
- In the event that patches and updates are e-mailed to the systems administrator ensure that digital signatures are used to verify the vendor and ensure that the information has not been modified en-route.

SANS Firewall Checklist-3

Location – DMZ (非軍事區設定與管控)

- Ensure that there are two firewalls – one to connect the web server to the internet and the other to connect the web server to the internal network.
- In the event of **two firewalls ensure that it is of different types** and that **dual NIC'** s are used. This would increase security since a hacker would need to have knowledge of the strengths, weaknesses and bugs of both firewalls.
- The rule sets for both firewalls would vary **based on their location** e.g. between web server and the internet and between web server and the internal network.

SANS Firewall Checklist-4

Vulnerability assessments/ Testing (弱點檢測)

- Ascertain if there is a procedure to test for open ports **using nmap(網管安全檢測工具)** and whether **unnecessary ports** are closed.
- Ensure that there is a procedure to test the rule sets (執行規則測試程序) when established or changed so as not to create a denial of service on the organization or allow any weaknesses to continue undetected.

SANS Firewall Checklist-5

Compliance with security policy (定期確認防火牆規則符合公司安全政策)

- Ensure that the ruleset complies with the organization security policy.

Ensure that the following spoofed, private (RFC 1918) and illegal addresses are blocked (防擋外部傳入的不合理IP封包):

- Standard unroutables
  - 255.255.255.255
  - 127.0.0.0
- Private (RFC 1918) addresses
  - 10.0.0.0 – 10.255.255.255
  - 172.16.0.0 – 172.31.255.255
  - 192.168.0.0 - 192.168.255.255

Reserved addresses
240.0.0.0
Illegal addresses
0.0.0.0
UDP echo
ICMP broadcast (RFC 2644)

Ensure that traffic from the above addresses is not transmitted by the interface.

SANS Firewall Checklist-6

Remote access (遠端連線)

- If remote access is to be used, ensure that the **SSH protocol (port 22) is used instead of Telnet**.(因為SSH採加密傳輸, 而telnet為明碼傳輸)

File Transfers (檔案傳輸)

- If FTP is a requirement, ensure that the server, which supports **FTP, is placed in a different subnet** than the internal protected network.(FTP也是明碼傳輸, 故較不安全)

Mail Traffic (郵件流量控管)

- Ascertain which protocol is used for mail and ensure that there is a rule to block incoming mail traffic except to internal mail.

SANS Firewall Checklist-6

ICMP (ICMP 8, 11, 3)

- Ensure that there is a rule **blocking ICMP echo requests and replies將**偵測與回報訊息關閉, 避免外部的刺探 .
- Ensure that there is a rule blocking outgoing time exceeded and unreachable messages.

IP Readdressing/IP Masquerading(IP偽裝)

- Ensure that the firewall rules have the readdressing option enabled such that internal IP addresses are not displayed to the external untrusted networks使外部網路無法取得內部IP資訊.

Zone Transfers (避免開放name server回傳整個zone的清單)

- If the firewall is stateful, ensure packet filtering for UDP/TCP 53. **IP packets for UDP 53 from the Internet are limited to authorized replies from the internal network**. If the packet were not replying to a request from the internal DNS server, the firewall would deny it. The firewall is also **denying IP packets for TCP 53 on the internal DNS server**, besides those from authorized external secondary DNS servers, to prevent unauthorized zone transfers.

SANS Firewall Checklist-7

Critical servers (關鍵伺服器之保護)

- Ensure that there is a deny rule for traffic destined to critical internal addresses from external sources.內部重要主機不應直接對外部來源溝通
  This rule is based on the organizational requirements, since some organizations may allow traffic via a web application to be routed via a DMZ應透過DMZ設置主機與外部溝通.

Ensure that **ACK bit monitoring** is established to ensure that a remote system cannot initiate a TCP connection, but can only respond to packets sent to it.

預防ACK scan，以防止外部攻擊取得通訊埠狀態

Continued availability of Firewalls (防火牆可用性)

- Ensure that there is a **hot standby** for the primary firewall(考量是否需準備備援之防火牆).

AI Audit Expert

防火牆安全政策-遵循查核(控制測試)

防火牆政策查核

User request → Request approval → Testing → Deployment → Validation

- 變動程序查核-抽查防火牆政策申請單, 檢視：
  - 是否具有合理的業務需求?
  - 是否申請者與審核者落實職責分工?
  - 有那些人員具有核准的權限?
  - 如果為臨時的短期需求, 是否有設定停用期限? 或是否如期停用?
  - 是否存在先行啟用政策, 再事後申請核准的情況?

- 規則組查核-查看防火牆政策組態檔案, 分析：
  - 目前存在有多少組的規則組? 與前次查核日期相比, 變動範圍?
  - 是否存在 未註解說明/未使用/重複的規則組?
  - 檢查存在 ANY設定/或IP範圍過大的許可規則組, 查看是否適宜
  - 是否有違反企業安全政策的規則組? (如遠端桌面連線)
  - 是否開啟具有風險的服務? (如: Telnet, FTP...)
  - 是否許可外部網路可以直接存取內部網路/重要主機, 而未經由DMZ?

檢視防火牆現行政策(規則組)

使用防火牆內建功能, 定期產出現有政策(規則組)的清單, 以Juniper WebUI 為例:

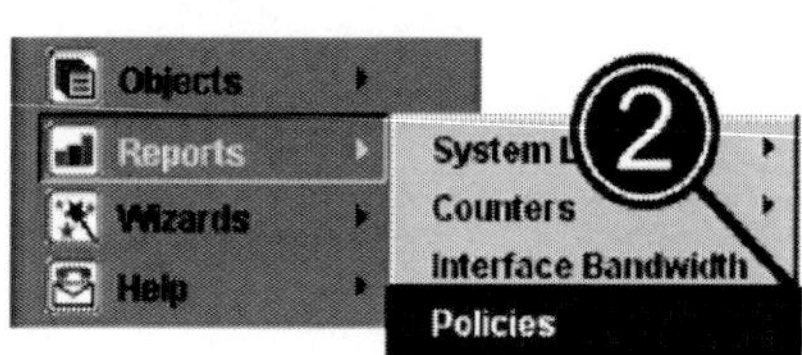

Policy ID	Source	Destination	Service	Log Count	View Detail
4	V1-Trust/: 172.16.100.0/24	V1-Untrust/Any	ANY	0	
1	Untrust/Any	Trust/Any	MAIL	-	
2	Untrust/Any	Trust/Any	FTP	-	
3	Trust/Any	Untrust/Any	HTTP	-	

Traffic log for policy :

ID	Source	Destination	Service	Action
283879	Trust/5.5.5.55/32	Untrust/Any	ANY	Permit

Date/Time	Source Address/Port	Translated Address/Port	Destination Address/Port	Service	Duration	Bytes Sent	Bytes Received
2004-02-03 18:01:19	5.5.5.55:2880	10.100.31.97:15371	206.191.183.48:80	HTTP	7 sec.	7579	7883
2004-02-03 18:00:42	5.5.5.55:2884	10.100.31.97:5243	12.120.109.20:80	HTTP	23 sec.	198	0
2004-02-03 18:00:25	5.5.5.55:2871	10.100.31.97:15364	10.100.3.48:88	UDP PORT 88	66 sec.	1424	1420
2004-02-03 18:00:23	5.5.5.55:2135	10.100.31.97:15362	10.100.3.48:88	UDP PORT 88	64 sec.	1403	1378
2004-02-03 18:00:20	5.5.5.55:2879	10.100.31.97:5242	12.120.109.20:80	HTTP	22 sec.	198	0
2004-02-03 18:00:18	5.5.5.55:2548	10.100.31.97:15367	10.100.3.51:445	TCP PORT 445	58 sec.	4516	1712
2004-02-03 17:59:59	5.5.5.55:2878	10.100.31.97:5241	12.120.109.20:80	HTTP	22 sec.	198	0

Viewing Policy Reports

示例: 如何備份 fortigate 防火牆設定檔

- 1. 登入防火牆web 管理介面
- 2. System -> Dashboard -> Status -> System Information -> System Configuration -> Backup
- 3. 選擇要儲存的地方: 可以選擇 Local PC 或是 USB Disk
- 也可以選擇是否要加密壓縮

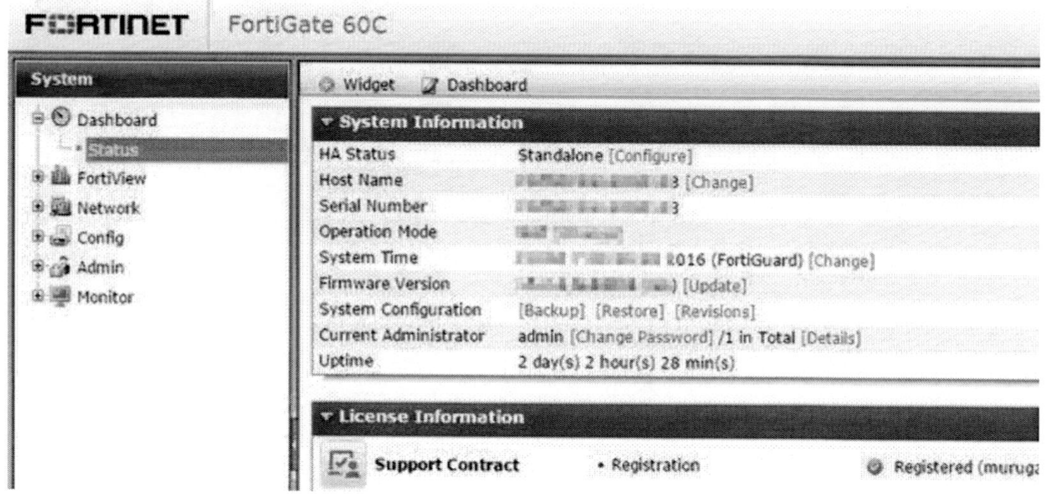

資料來源：痞客邦，"備份 fortigate 防火牆設定檔"

JCAATs-AI Audit Software

示例：如何檢查不用或重複的規則組?

Policy ID	Source	Destination	Service	Action
1	A	S1	HTTP	Permit
2	B	S2	TELNET	Permit
3	B C	S2 S3	HTTP HTTPS	Permit
4	A D B	S1 S2 S3 S4 S5	HTTP HTTPS FTP TELNET DNS	Permit
5	C	S1 S2	TELNET HTTPS	Permit
6	Any	Any	Any	Deny

- 如何檢核某項規則已不使用，必須清除？
- 如何檢核某項規則中的一部分已不使用，必須調整？

示例：如何檢查不用或重複的規則組?(續)

規則連結數量統計表

Policy ID	連結數量
1	10
3	80
4	300
5	20
6	1000

規則使用明細統計表

Policy ID	Source	Destination	Service	連結數量
1	A	S1	HTTP	10
3	B	S2	HTTP	40
3	C	S3	HTTPS	40
4	A	S1	FTP	60
4	B	S2	TELNET	60
4	B	S5	DNS	60
4	D	S3	HTTPS	60
4	D	S4	TELNET	60
5	C	S1	TELNET	10
5	C	S2	HTTPS	10

規則組應用次數統計(Hits Number)

- 應定期檢查先前設定規則之必要性與時效性
- 透過Ruleset 的 hits number分析可得知各規則的執行次數、IP與傳送資料量

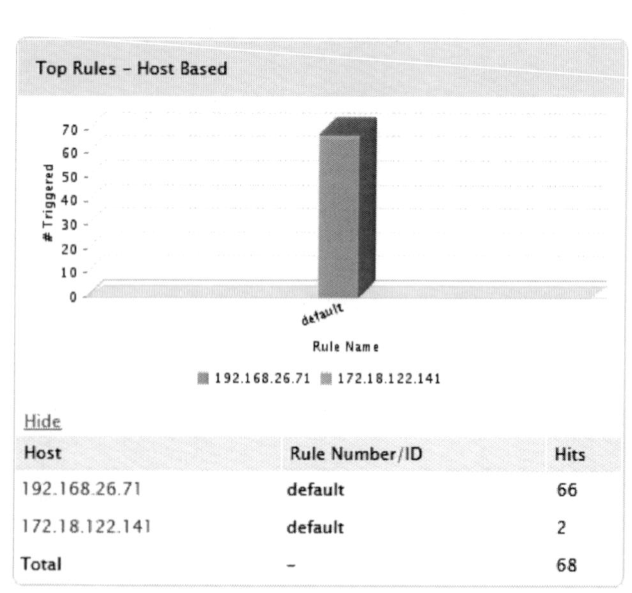

Host	Rule Number/ID	Hits
192.168.26.71	default	66
172.18.122.141	default	2
Total	-	68

Top Used Rules

Rule Number/ID	Count	Total Bytes(MB)
default	87	0
Total	87	0

組態變更管理

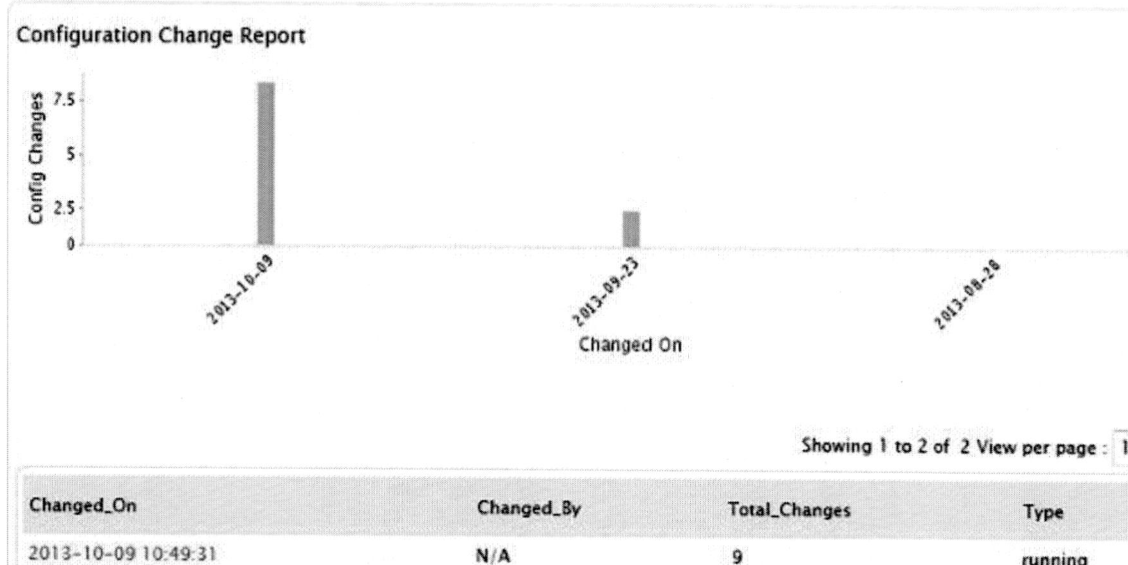

Showing 1 to 2 of 2 View per page : 10

Changed_On	Changed_By	Total_Changes	Type
2013-10-09 10:49:31	N/A	9	running
2013-09-23 10:55:06	N/A	2	running

Startup - Running Conflict Report

Changed_On	Changed_By	Total_Changes
2013-10-09 10:49:31	N/A	16

圖片來源：Manage Engine

JCAATs-AI Audit Software
Copyright © 2023 JACKSOFT.

組態變更管理(續)

Configuration Diff...

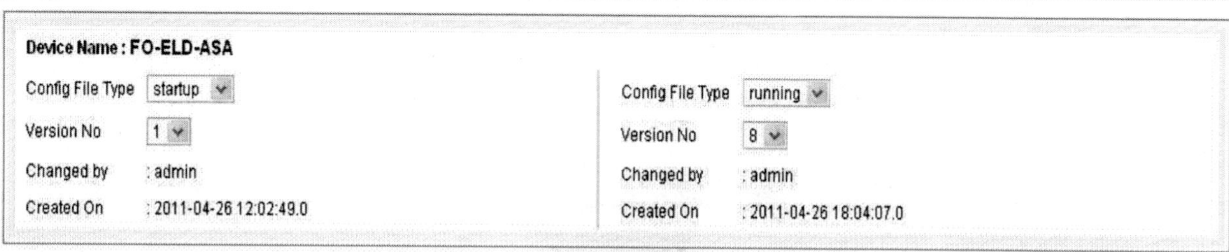

Get Specific Diff

Show : All Diff Lines View Diff Lines : Previous Next Modified Added Deleted

Startup		Running	
1	show startup-config	1	show running-config
3	: Written by enable_15 at 14:55:47.486 IST Thu Apr 21 2011	3	:
68	pager lines 24	68	no pager
237		237	snmp-server host inside 192.168.111.23
243		243	snmp-server host inside 192.168.111.88
245		245	snmp-server host inside 192.168.111.99
249	snmp-server host inside 192.168.117.117	249	
340	username mahiiiii password lHuGuu8aPYHOBQle encrypted privilege 2	340	
362		362	: end

Sync Scroll

圖片來源：Manage Engine

示例：使用Firewall Change Tracker進行政策變動比對

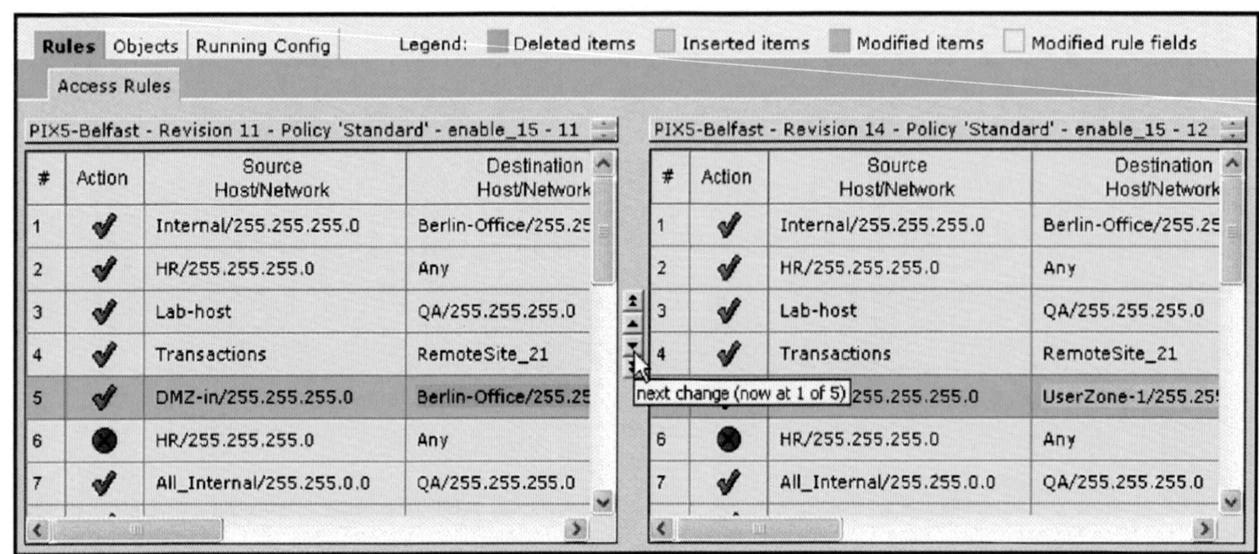

規則組時效管理

- 部分廠牌防火牆可設定規則組之有效期限
- 否則只能定期檢查或分析其發生次數統計值

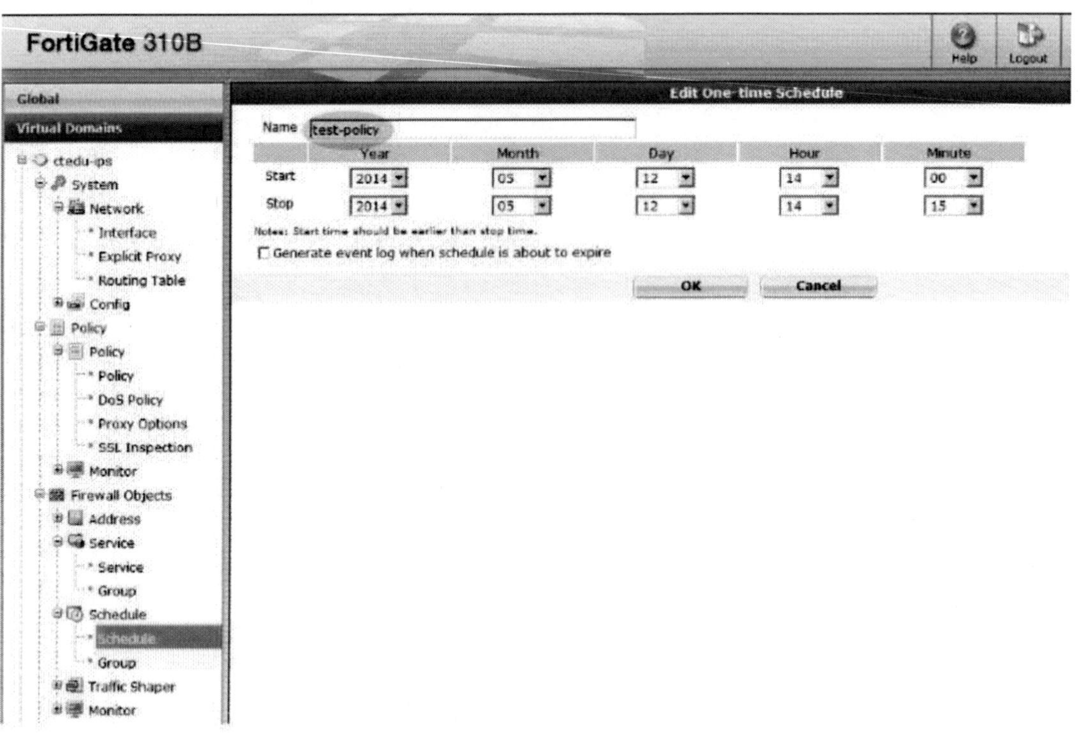

防火牆組態/規則組設定語法

- **Juniper JunOS Configuration Example:**

Rejecting Routes from Specific Hosts

Reject a range of routes from specific hosts, and accept all other routes:

```
[edit]
policy-options {
  policy-statement hosts-only {
    from {
      route-filter 10.125.0.0/16 upto /31 reject;
      route-filter 0/0;
    }
    then accept;
  }
}
```

- **Cisco ASA Series Firewall CLI Configuration G Example:**

```
hostname# show access-list outside_access_in
access-list outside_access_in; 3 elements; name hash: 0x6892a938
access-list outside_access_in line 1 extended permit ip 10.2.2.0 255.255.255.0 any
(hitcnt=0) 0xcc48b55c
access-list outside_access_in line 2 extended permit ip host
2001:DB8::0DB8:800:200C:417A any (hitcnt=0) 0x79797f94
```


防火牆組態檔/規則組匯入的挑戰與查核建議

- 規則組只佔防火牆組態檔中的一部分；而且各家防火牆的設定語法及格式各不相同。
- 建議以CLI(命令列)指令匯出規則組的清單，再行人工檢視或匯入分析。
- 可針對定期備份的組態檔，使用工具(如WinMerge)進行比對差異。再針對差異部分，詢問原因並確認是否經審核確認。
- 如已啟用防火牆組態變動均寫入Syslog；也可利用Syslog事件分析，快速擷取變動項目，再行確認合理性。

示例：如何啟動 Juniper 防火牆SYSLOG功能

Log in to the Juniper SRX device.

Click Configure > CLI Tools > Point and Click CLI in the Juniper SRX device.

Expand System and click Syslog.

In the Syslog page, click Add New Entry placed next to 'Host'.

Enter the IP address of the remote Syslog server

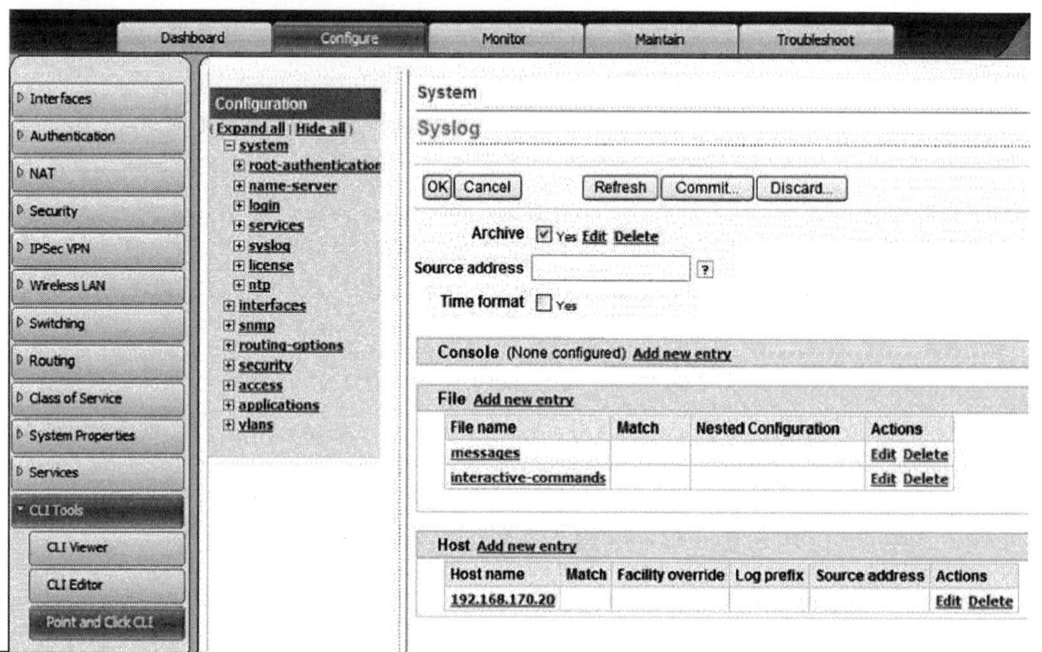

| AI Audit Expert

JCAATs

上機實作演練一:
防火牆日誌分析-
匯入練習與事件分析

查核說明:

以CISCO防火牆的系統LOG檔匯入到JCAATs中，並以分割函數精確的分段擷取資料，使LOG檔資料易於判讀，後再以簡單的分析函數輕鬆的找出疑似高風險異常訊息。

稽核資料收集器部署與監控分析

- 資料收集器(Data Acquisition)可從不同資安設備透過 SYSLOG、 SNMP、SMTP 或特定的方式與傳輸格式，將事件紀錄主動或被動 傳輸至資安監控中心予監控系統進行分析。
- 資料收集器的部署工作包括網段部署、安裝、設定、系統調校及 重要資安事件 Rule 導入等。
- 同步的事件監看平台畫面，資安人員能透過網頁查詢事件分類、事件通報、事件處理、事件管理、知識庫、日誌紀錄(包括事件日誌與監控設備維運日誌)及相關資安統計圖表。
- 進行受駭之原因分析和影響範圍之確認，將資安事件造成的漏洞關閉，以避免進一步的擴散。

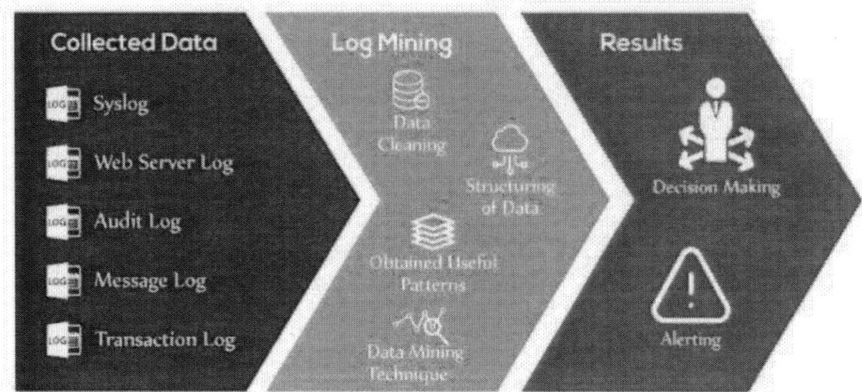

iT邦幫忙

防火牆log：Cisco ASA syslog

Format A

- **<187> [timestamp in RFC prescribed format] [device dns name | ip address] [Dummy**
- **Value/Counter :] [{:|*} mmm dd hh:mm:ss TimeZone]**
- **%FACILITY-[SUBFACILITY-]SEVERITY-MNEMONIC: description**

Format B

- **<187> [timestamp in RFC prescribed format] [device dns name | ip address] [Dummy**
- **Value/Counter :] [{:|*} yyyy mmm dd hh:mm:ss TimeZone <-|+> hh:mm]**
- **%FACILITY-[SUBFACILITY-]SEVERITY-MNEMONIC: description**

Examples of good syslog messages: [as sent by the device]

- <187>%PIX-4-106023 description
- <187>Mar 23 10:21:03 %PIX-4-106023 description
- <187>*Mar 23 12:12:12 PDT %PIX-4-106023 description
- <187>Mar 23 10:21:03 *Mar 23 12:12:12 PDT %PIX-4-106023 description
- <187>Mar 23 10:21:03 *2003 Mar 23 12:12:12 PDT -8:00 %PIX-4-106023 description
- <187>Mar 23 10:21:03 93: *2003 Mar 23 12:12:12 PDT -8:00 %PIX-4-106023 description

CISCO ASA Syslog Severity Level

Level	System	Description
Emergency	0	System unusable messages
Alert	1	Immediate action required messages
Critical	2	Critical condition messages
Error	3	Error condition messages
Warning	4	Warning condition messages
Notification	5	Normal but significant messages
Information	6	Informational messages
Debugging	7	Debugging messages

使用JCAATs匯入防火牆syslog

- 使用「Notepad++」開啟原始資料．
- 觀察原始資料首位並非資料欄位

Step1:新增專案進行防火牆syslog匯入

- 專案→新增專案→新增資料表

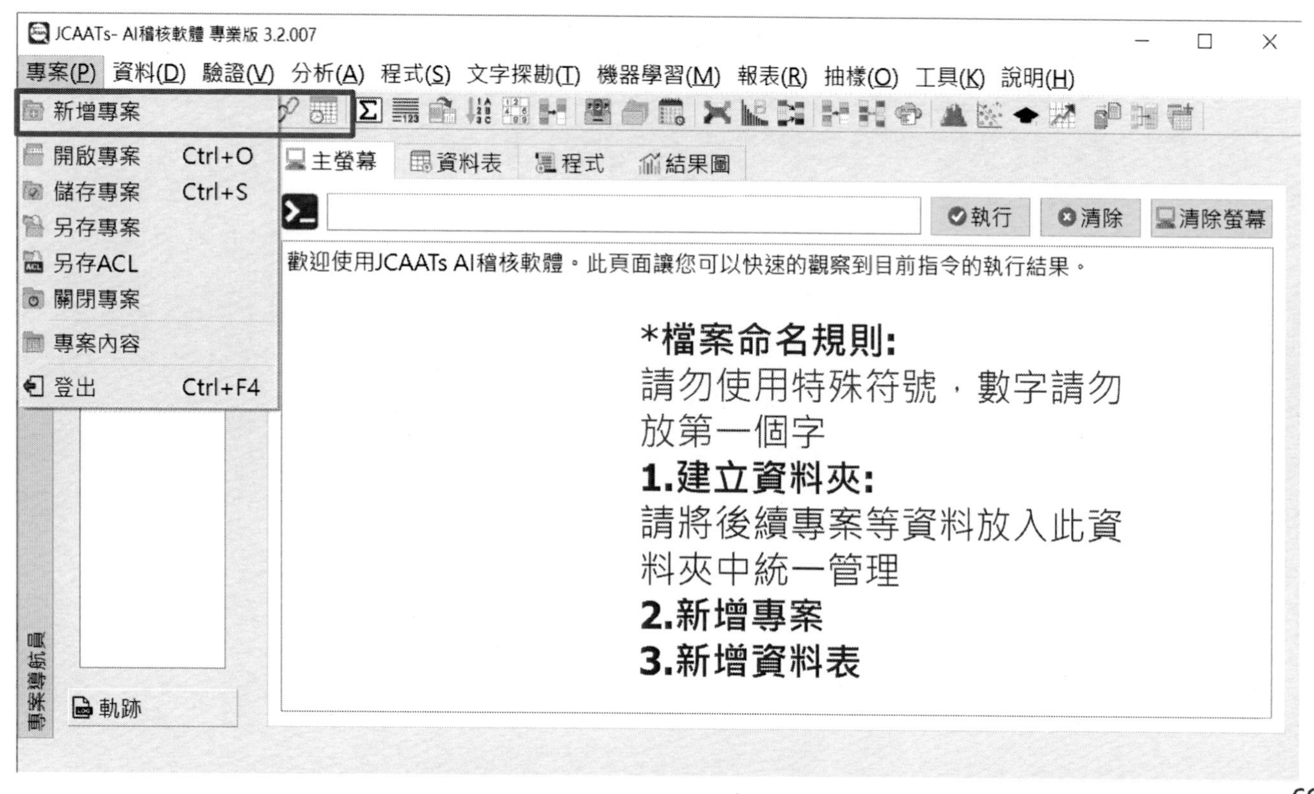

啟動JCAATs資料匯入精靈，依序進行:

- 選擇資料來源->防火牆syslog以「**分界文字檔**」格式匯入

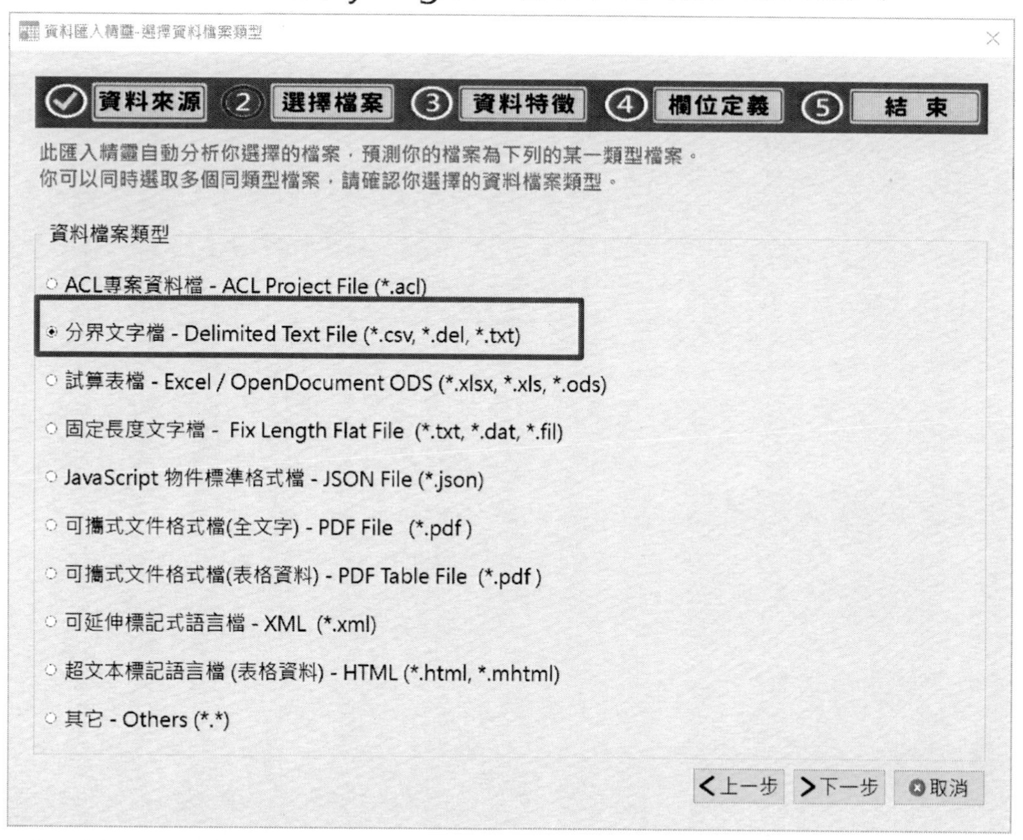

資料特徵設定:

- 因原始資料首列並無欄位名稱，故取消勾選「首列為欄位名稱」

資料特徵設定:

- 設定分界文字檔之欄位分隔字元(Field Separator)

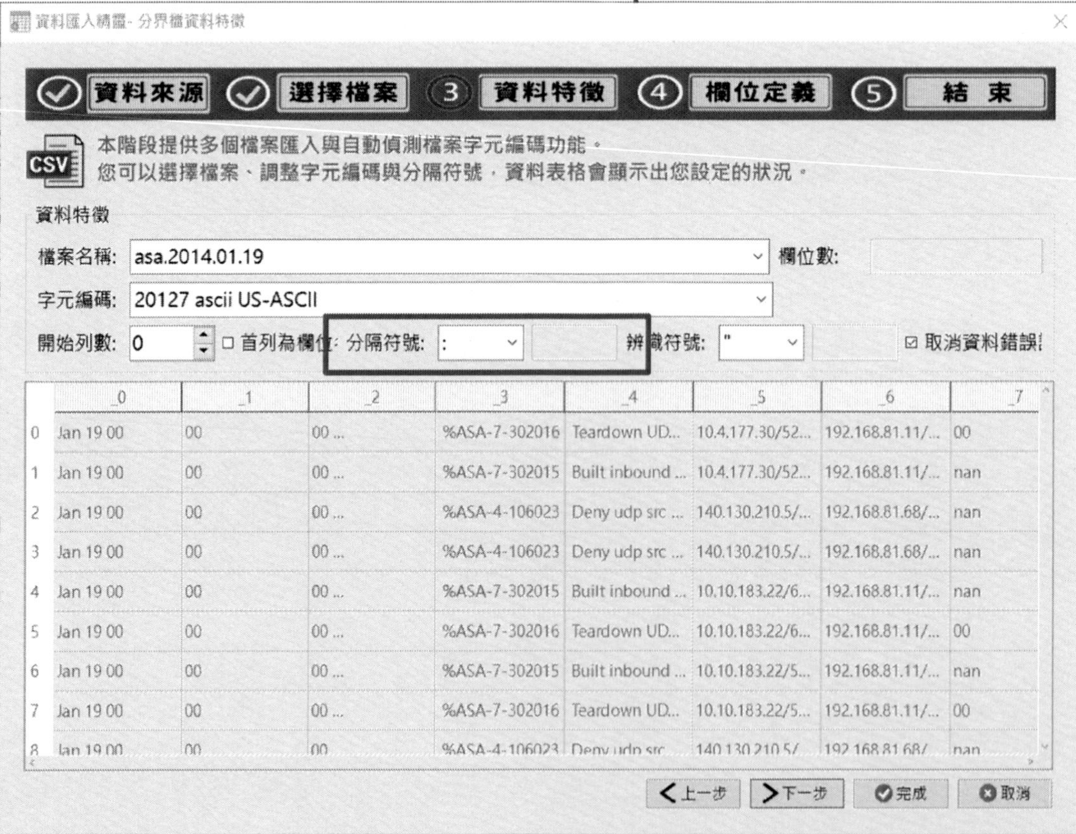

	_0	_1	_2	_3	_4	_5	_6	_7
0	Jan 19 00	00	00 ...	%ASA-7-302016	Teardown UD...	10.4.177.30/52...	192.168.81.11/...	00
1	Jan 19 00	00	00 ...	%ASA-7-302015	Built inbound ...	10.4.177.30/52...	192.168.81.11/...	nan
2	Jan 19 00	00	00 ...	%ASA-4-106023	Deny udp src ...	140.130.210.5/...	192.168.81.68/...	nan
3	Jan 19 00	00	00 ...	%ASA-4-106023	Deny udp src ...	140.130.210.5/...	192.168.81.68/...	nan
4	Jan 19 00	00	00 ...	%ASA-7-302015	Built inbound ...	10.10.183.22/6...	192.168.81.11/...	nan
5	Jan 19 00	00	00 ...	%ASA-7-302016	Teardown UD...	10.10.183.22/6...	192.168.81.11/...	00
6	Jan 19 00	00	00 ...	%ASA-7-302015	Built inbound ...	10.10.183.22/5...	192.168.81.11/...	nan
7	Jan 19 00	00	00 ...	%ASA-7-302016	Teardown UD...	10.10.183.22/5...	192.168.81.11/...	00
8	Jan 19 00	00	00 ...	%ASA-4-106023	Deny udp src ...	140.130.210.5/...	192.168.81.68/...	nan

欄位定義:
依序設定各欄位名稱與資料型態

補充說明:可以採用另一匯入方式：其他檔案格式

以手動方式, 自行切割檔案

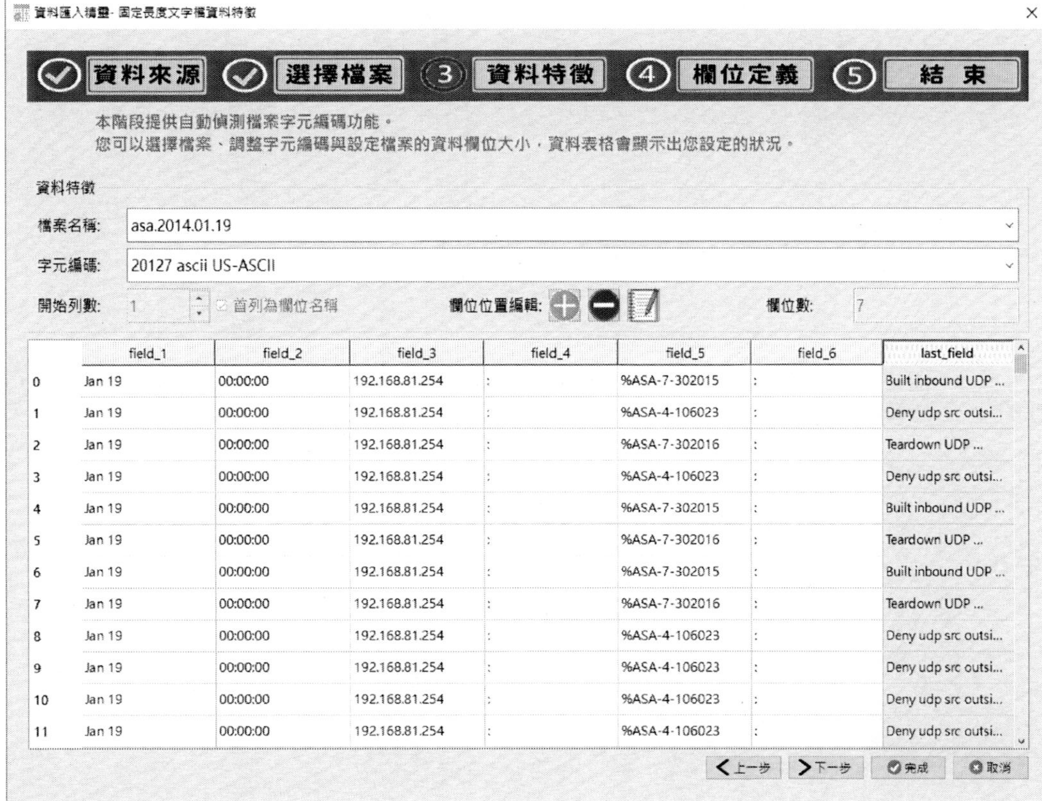

匯入結果:

- 部分欄位未符合格式定義, 需再行切割欄位

確認資料總筆數為613,223筆

JCAATs-AI Audit Software
Copyright © 2023 JACKSOFT.

函式說明 — .str.split()

在系統中，若需要依規則切割字串資料，並抓取其中固定部分切割結果，便可使用.str.split( )指令完成，要取其前面字使用.str.get(0)，取後面字使用.str.get(1)。

語法: Field.str.split().str.get(int)

Vendor No	VendorName	Amount
10001	ABC	100
10001	BCD	400
10001	CDE	500

Vendor No	Vendor Name	New Name	Amount	NEW_1
10001	ABC	["A","C"]	100	C
10001	BCD	["","CD"]	400	CD
10001	CDE	["CDE"]	500	nan

範例新公式欄位New Name： VendorName.str.split("B")
範例新公式欄位New_1：
VendorName.str.split("B").str.get(1)

Step2:資料整理: 新增公式欄位

- 點選顯示區右上角之「資料表架構」進行設定，點選F(X)新增公式欄位

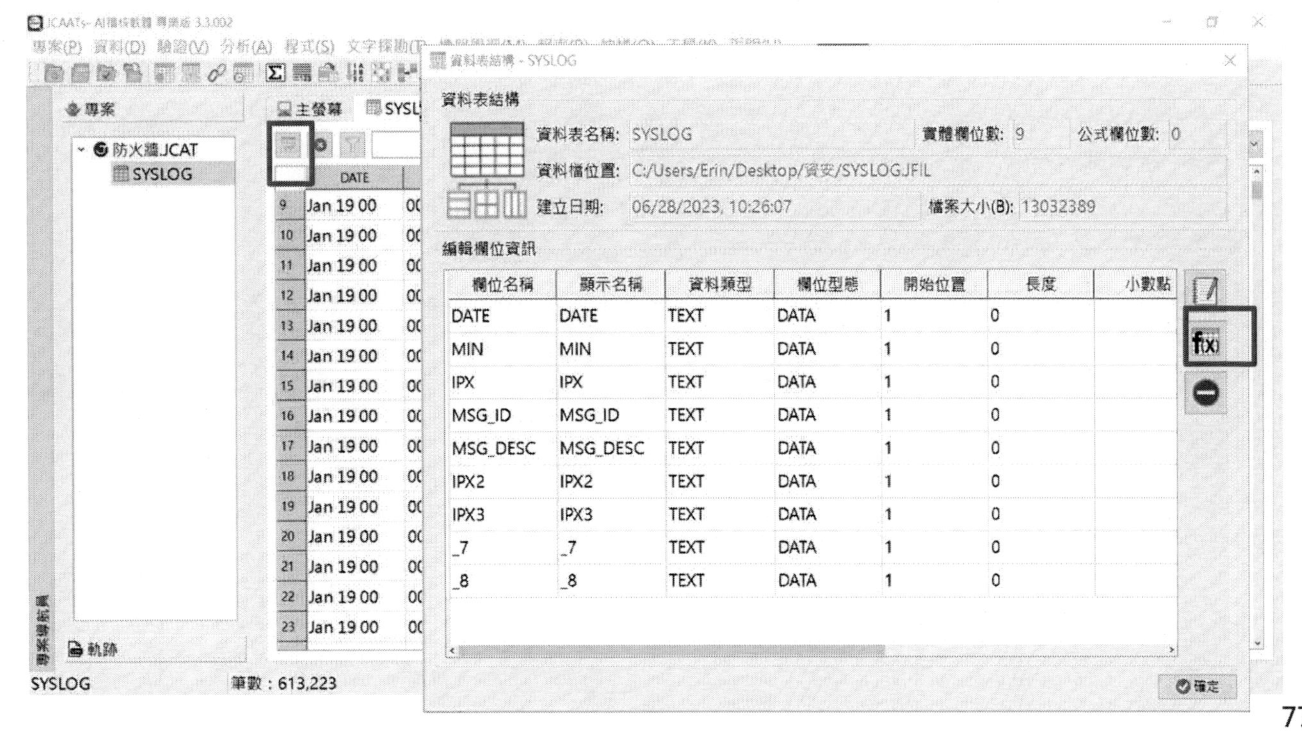

JCAATs-AI Audit Software
Copyright © 2023 JACKSOFT.

新增公式欄位:切割欄位1

- 欄位名稱： **Severity**
- 初始值： **MSG_ID.str.split("-").str.get(1)**

新增公式欄位:切割欄位2

- 欄位名稱：MNEMONIC
- 初始值：**MSG_ID.str.split("-").str.get(2)**

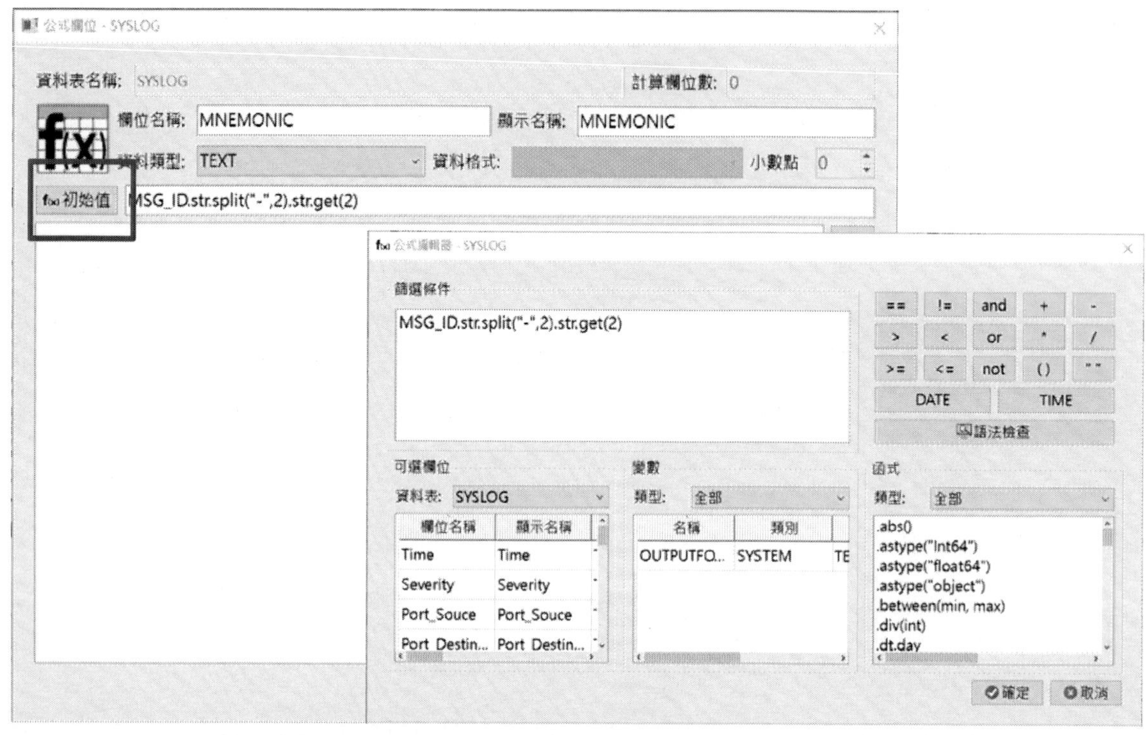

JCAATs-AI Audit Software

新增公式欄位:切割欄位3

- 欄位名稱：**IP_Source**
- 初始值： **IPX2.str.split("/").str.get(0)**
  .str.split(" ").str.get(0)

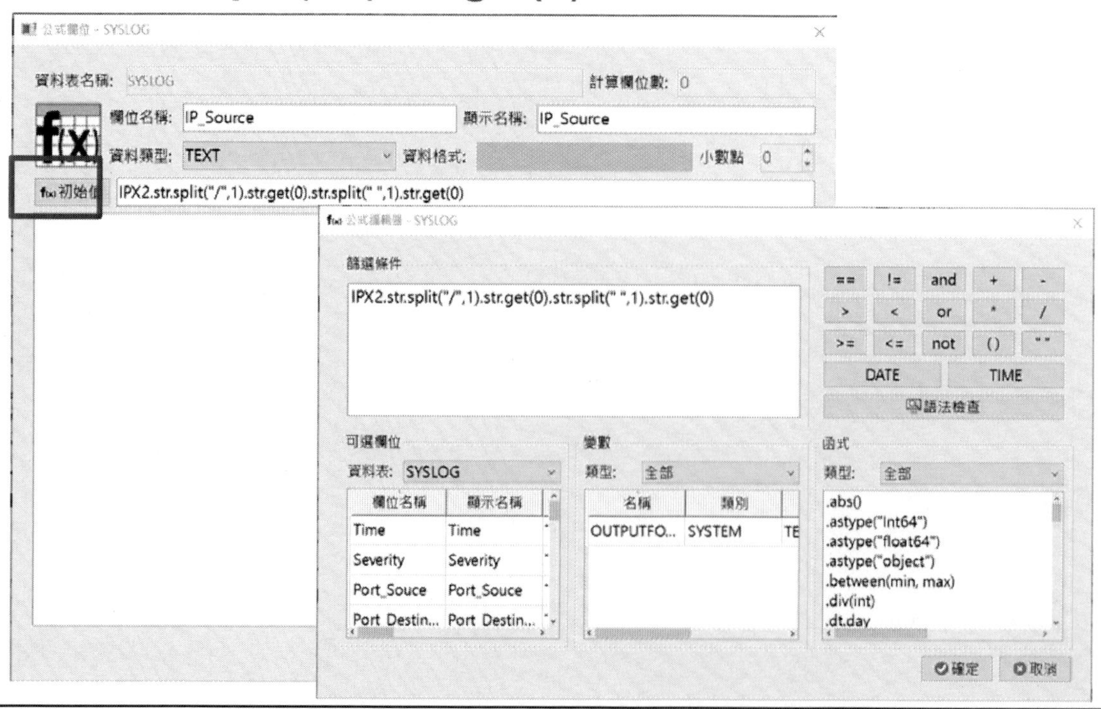

新增公式欄位:切割欄位4

- 欄位名稱： **Port_Souce**
- 初始值： **IPX2.str.split("/").str.get(1).str.split("(").str.get(0) .str.split(" ").str.get(0)**

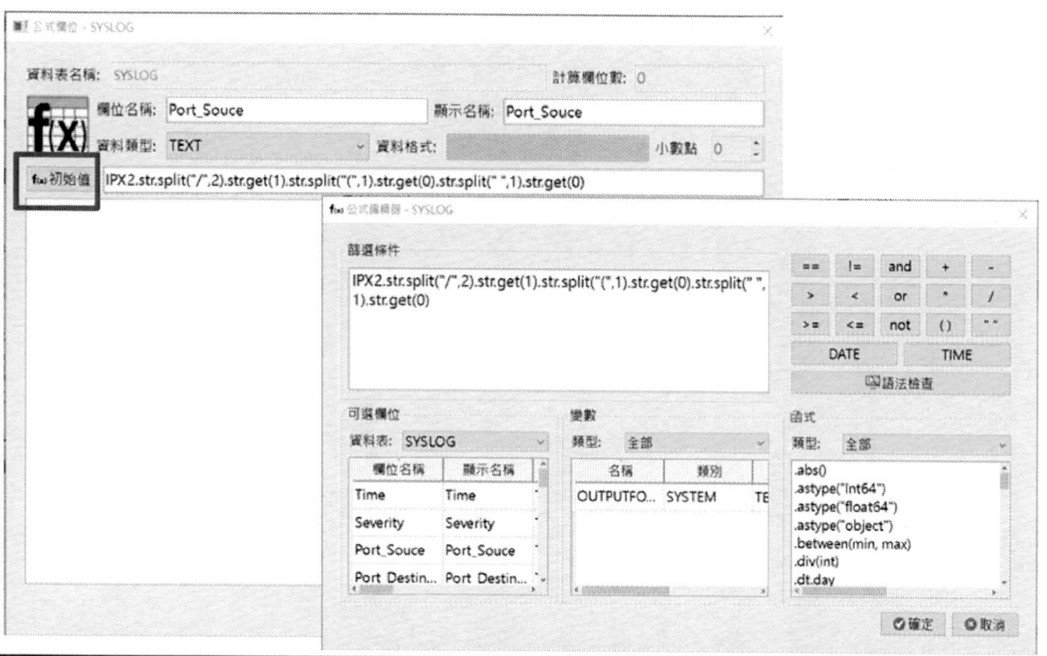

新增公式欄位:切割欄位5

- 欄位名稱： IP_Destination
- 初始值： **IPX3.str.split("/").str.get(0).str.split("**
"

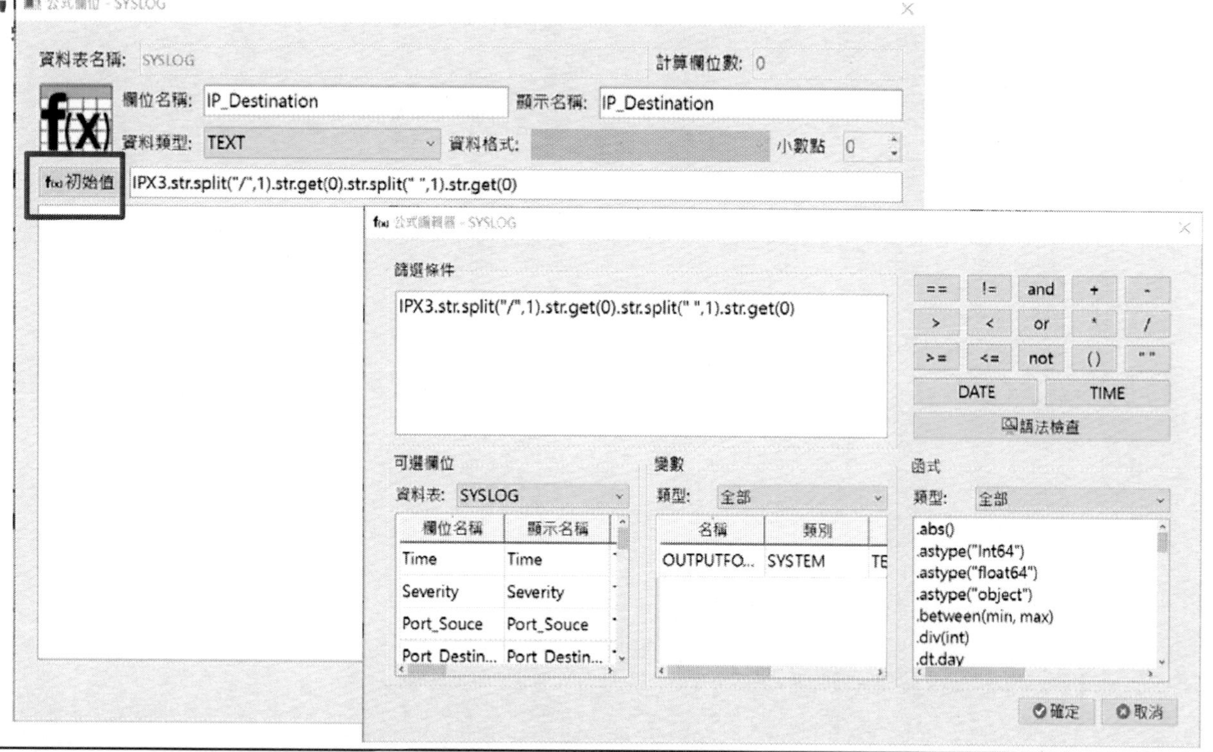

新增公式欄位:切割欄位6

- 欄位名稱： **Port_Destination**
  初始值：
  IPX3.str.split("/").str.get(1)
  .str.split("(").str.get(0).str.split(" ").str.get(0)

新增公式欄位:切割欄位7

- 欄位名稱：**Date**
  初始值：**DATE.str.split(" ").str.get(0) +**
  DATE.str.split(" ").str.get(1)

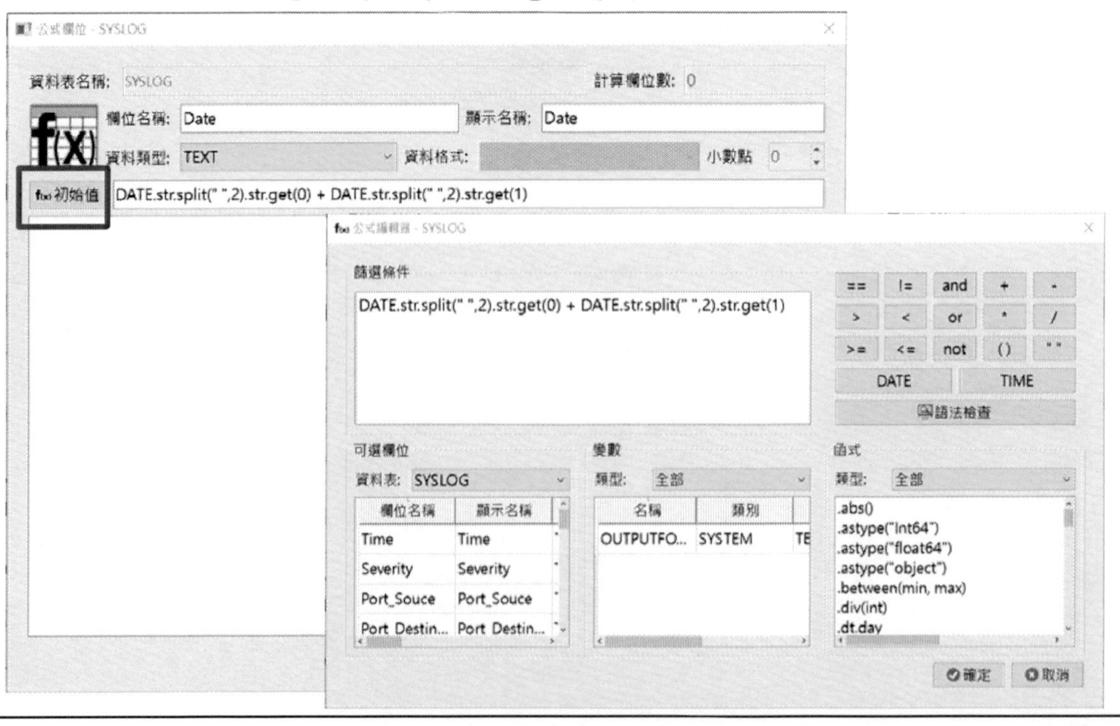

新增公式欄位:切割欄位8

- 欄位名稱：**Time**

  初始值：**DATE.str.split(" ").str.get(2) + MIN + IPX.str.split(" ").str.get(0)**

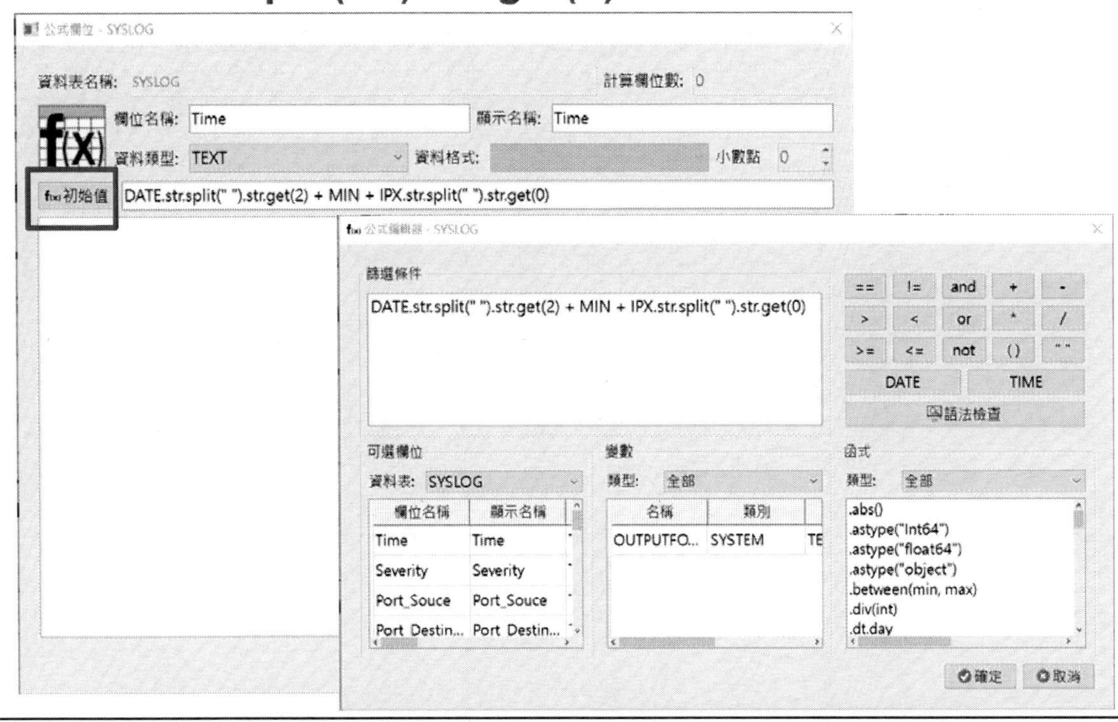

新增公式欄位:共切割新增8個欄位

欄位名稱	顯示名稱	資料類型	欄位型態	開始位置	長度	小數點
IPX3	IPX3	TEXT	DATA	603	166	
7	7	TEXT	DATA	769	146	
8	8	TEXT	DATA	915	104	
Severity	Severity	TEXT	COMPUTED	1019	0	
MNEMONIC	MNEMONIC	TEXT	COMPUTED	1019	0	
IP_Source	IP_Source	TEXT	COMPUTED	1019	0	
Port_Souce	Port_Souce	TEXT	COMPUTED	1019	0	
IP_Destinati...	IP_Destinati...	TEXT	COMPUTED	1019	0	
Port_Destin...	Port_Destin...	TEXT	COMPUTED	1019	0	
Date	Date	TEXT	COMPUTED	1019	0	
Time	Time	TEXT	COMPUTED	1019	0	

Step2:資料整理: 新增公式欄位結果

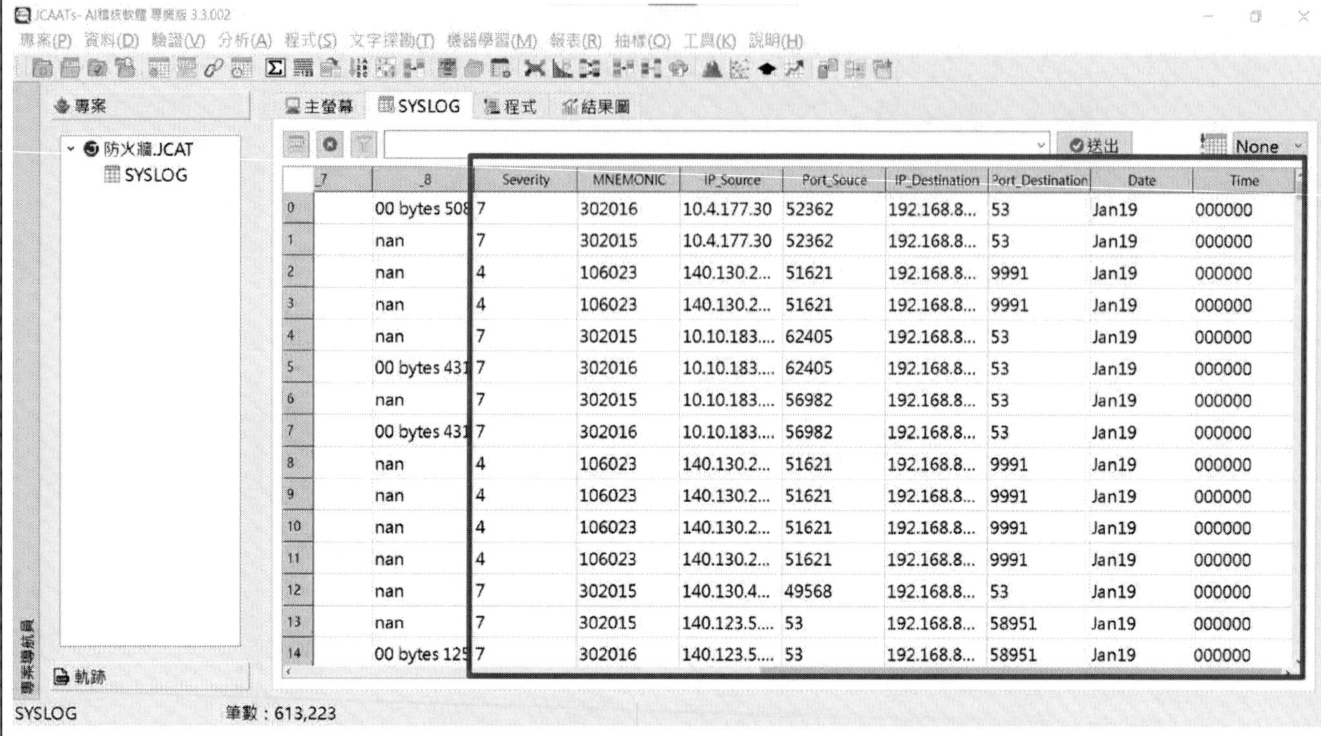

	_7	_8	Severity	MNEMONIC	IP_Source	Port_Souce	IP_Destination	Port_Destination	Date	Time
0		00 bytes 508	7	302016	10.4.177.30	52362	192.168.8...	53	Jan19	000000
1		nan	7	302015	10.4.177.30	52362	192.168.8...	53	Jan19	000000
2		nan	4	106023	140.130.2...	51621	192.168.8...	9991	Jan19	000000
3		nan	4	106023	140.130.2...	51621	192.168.8...	9991	Jan19	000000
4		nan	7	302015	10.10.183....	62405	192.168.8...	53	Jan19	000000
5		00 bytes 431	7	302016	10.10.183....	62405	192.168.8...	53	Jan19	000000
6		nan	7	302015	10.10.183....	56982	192.168.8...	53	Jan19	000000
7		00 bytes 431	7	302016	10.10.183....	56982	192.168.8...	53	Jan19	000000
8		nan	4	106023	140.130.2...	51621	192.168.8...	9991	Jan19	000000
9		nan	4	106023	140.130.2...	51621	192.168.8...	9991	Jan19	000000
10		nan	4	106023	140.130.2...	51621	192.168.8...	9991	Jan19	000000
11		nan	4	106023	140.130.2...	51621	192.168.8...	9991	Jan19	000000
12		nan	7	302015	140.130.4...	49568	192.168.8...	53	Jan19	000000
13		nan	7	302015	140.123.5....	53	192.168.8...	58951	Jan19	000000
14		00 bytes 125	7	302016	140.123.5....	53	192.168.8...	58951	Jan19	000000

Step3:
依據彙總(Summarize)訊息代碼進行統計

- 點選「分析」→「彙總」

	_8	Severity	MNEMONIC	IP_Source	Port_Souce	IP_Destination	Port_Destination	Date	Time
	00 bytes 508	7	302016	10.4.177.30	52362	192.168.8...	53	Jan19	000000
	nan	7	302015	10.4.177.30	52362	192.168.8...	53	Jan19	000000
	nan	4	106023	140.130.2...	51621	192.168.8...	9991	Jan19	000000
	nan	4	106023	140.130.2...	51621	192.168.8...	9991	Jan19	000000
4	nan	7	302015	10.10.183....	62405	192.168.8...	53	Jan19	000000
5	00 bytes 431	7	302016	10.10.183....	62405	192.168.8...	53	Jan19	000000
6	nan	7	302015	10.10.183....	56982	192.168.8...	53	Jan19	000000
7	00 bytes 431	7	302016	10.10.183....	56982	192.168.8...	53	Jan19	000000
8	nan	4	106023	140.130.2...	51621	192.168.8...	9991	Jan19	000000
9	nan	4	106023	140.130.2...	51621	192.168.8...	9991	Jan19	000000
10	nan	4	106023	140.130.2...	51621	192.168.8...	9991	Jan19	000000
11	nan	4	106023	140.130.2...	51621	192.168.8...	9991	Jan19	000000
12	nan	7	302015	140.130.4...	49568	192.168.8...	53	Jan19	000000
13	nan	7	302015	140.123.5....	53	192.168.8...	58951	Jan19	000000
14	00 bytes 125	7	302016	140.123.5....	53	192.168.8...	58951	Jan19	000000

進行彙總條件與輸出設定:

分析→彙總

彙總：

severity、MNEMONIC

列出欄位：MSG_DESC

輸出設定

彙總→輸出設定

結果輸出：資料表

名稱：

防火牆異常訊息追蹤

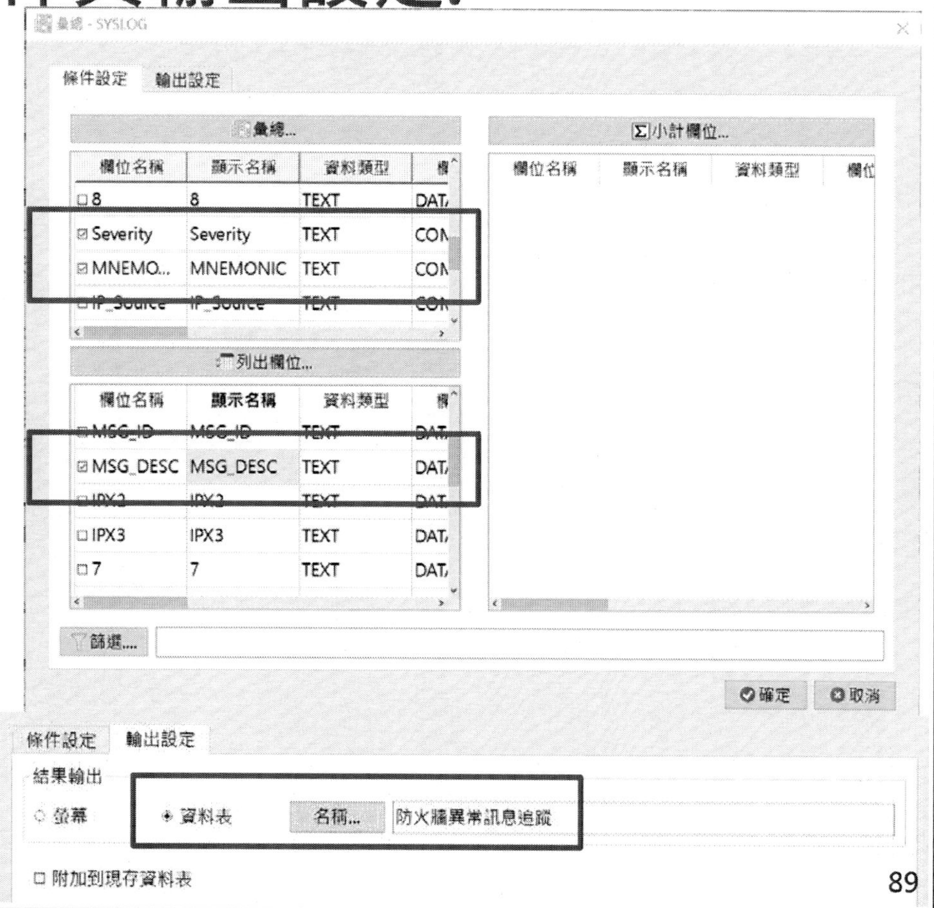

Step3: 彙總(Summarize)訊息代碼統計分析結果

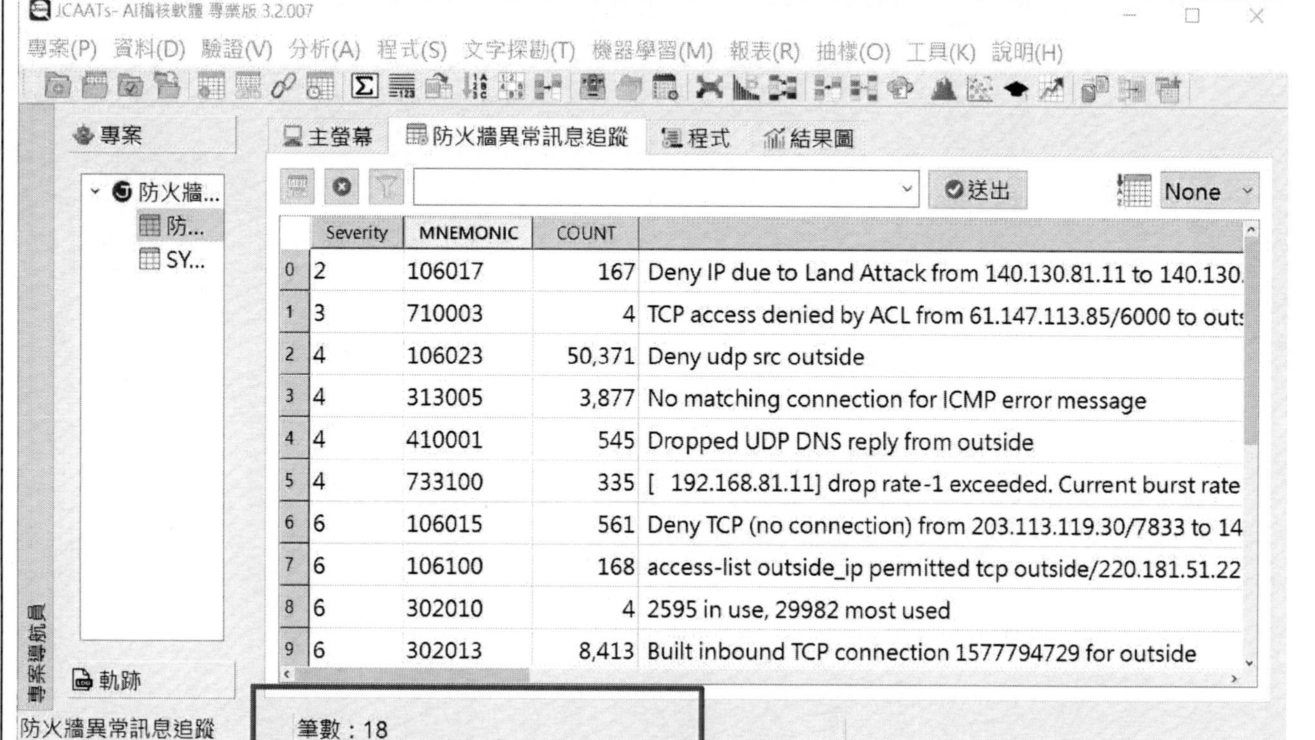

	Severity	MNEMONIC	COUNT	
0	2	106017	167	Deny IP due to Land Attack from 140.130.81.11 to 140.130.
1	3	710003	4	TCP access denied by ACL from 61.147.113.85/6000 to outs
2	4	106023	50,371	Deny udp src outside
3	4	313005	3,877	No matching connection for ICMP error message
4	4	410001	545	Dropped UDP DNS reply from outside
5	4	733100	335	[192.168.81.11] drop rate-1 exceeded. Current burst rate
6	6	106015	561	Deny TCP (no connection) from 203.113.119.30/7833 to 14
7	6	106100	168	access-list outside_ip permitted tcp outside/220.181.51.22
8	6	302010	4	2595 in use, 29982 most used
9	6	302013	8,413	Built inbound TCP connection 1577794729 for outside

防火牆異常訊息追蹤

- 由各防火牆的異常訊息代碼文件, 確認其說明與評估風險
- 示例：

1. 106017: Deny IP due to Land Attack from ..to
   源地址與目的地址相同, 應為假冒IP的攻擊活動
2. 710003: TCP access denied by.. To
   某IP位址違反規則, 試圖連接防火牆設備; 如該訊息經常出現, 表已遭受攻擊
3. 106023: Deny udp scr outside
   拒絕某一外部IP位址

| AI Audit Expert

JCAATs

上機實作演練二: 防火牆日誌異常偵查 -異常的ICMP網路偵測活動

查核目標:
以Fortinet的LOG進行分析，以簡單的分析函數找出疑似未經許可開放高風險服務與疑似不合規範之外對內、內對外連線等結果。

自稽核資料倉儲取得資料

- 資料→複製另一專案→連結新資料來源

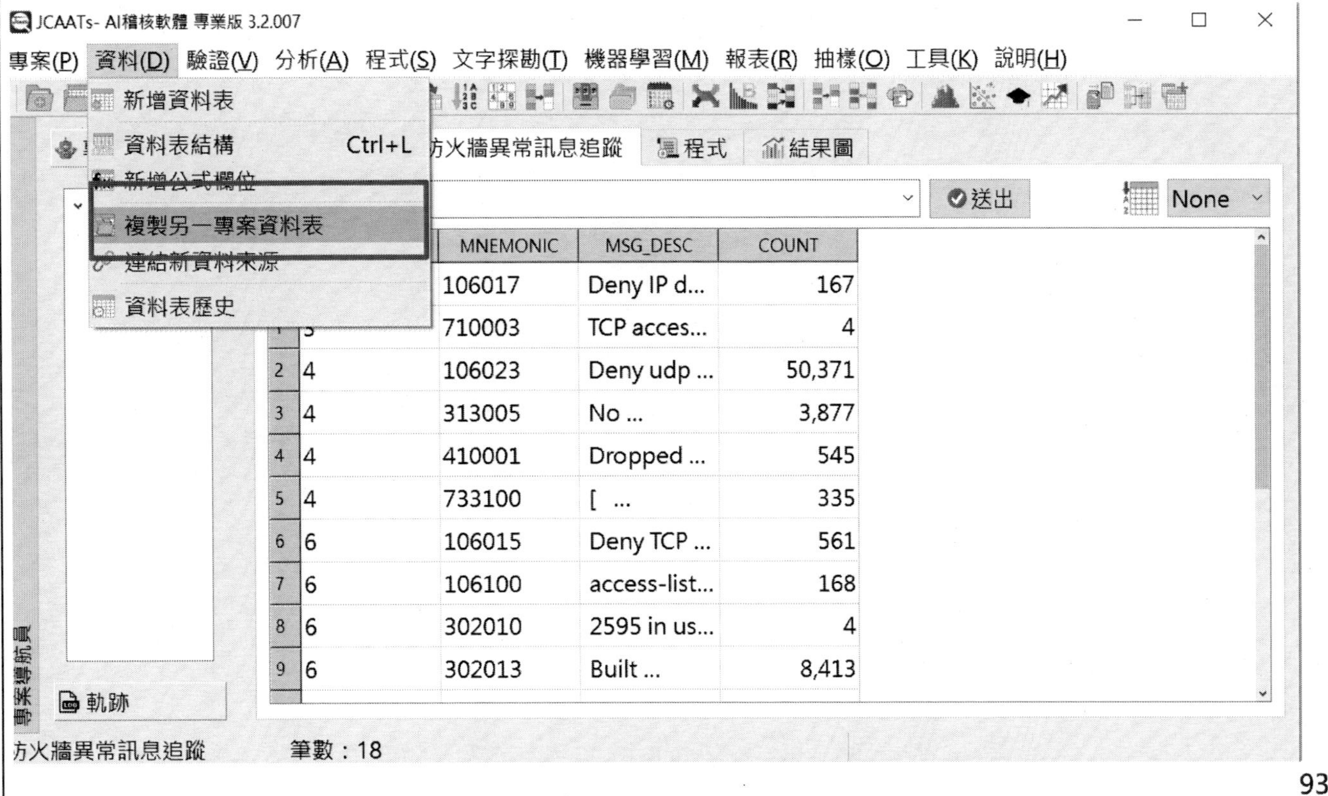

自稽核資料倉儲複製專案格式並完成資料表連結

- 選擇資料表「LOG」並點選 » 新增至已選項目
- 點選確認

驗證資料完整性

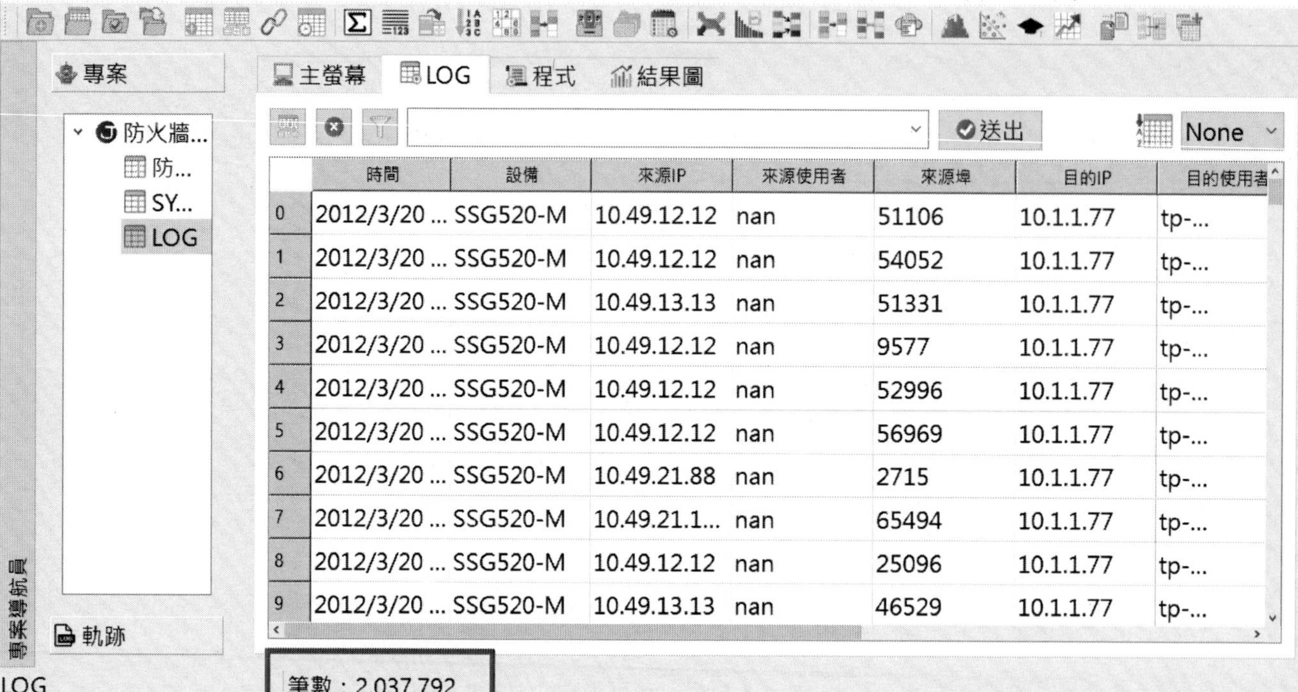

確認資料總筆數為2,037,792筆

資料分析:進行異常條件篩選

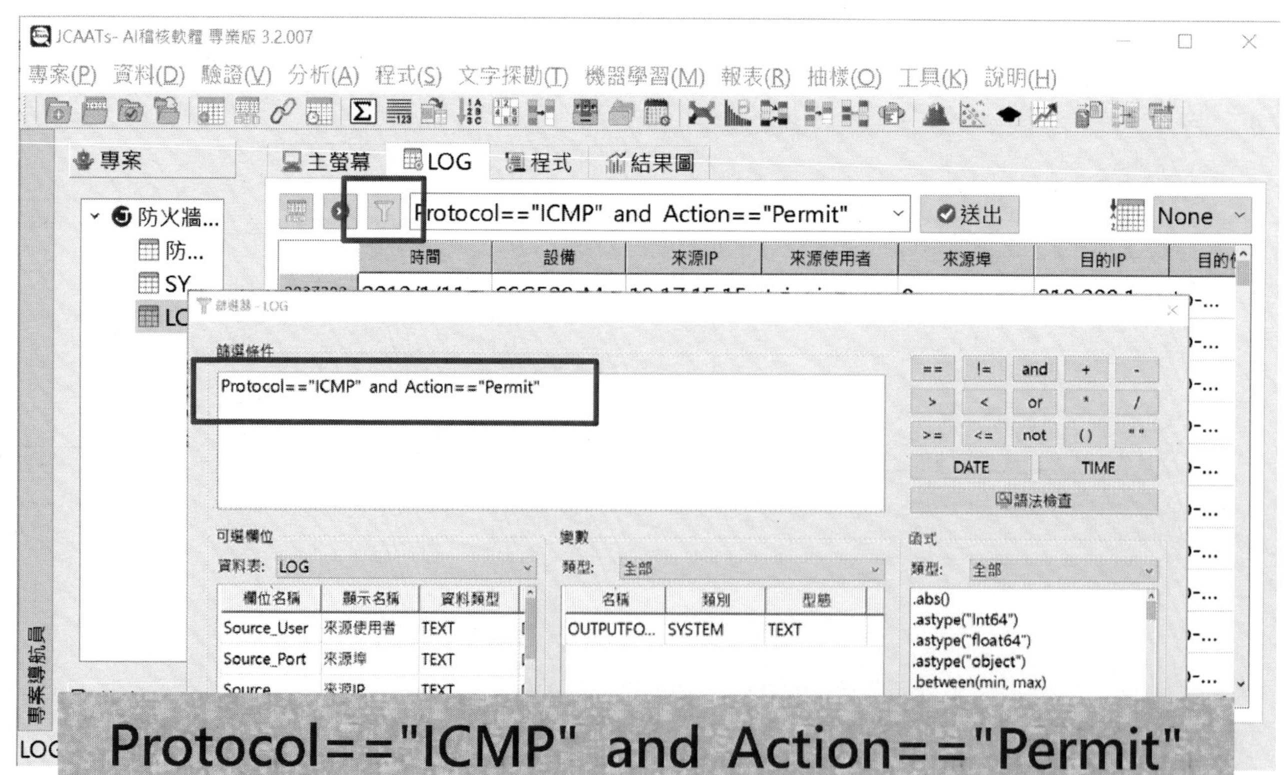

異常查核結果:

分類(Classify)統計來源位址發生頻率

- 點選「分析」→「分類」

分類(Classify)條件與輸出設定

1.條件設定
分析→分類
分類：
Source(來源IP)

2.輸出設定
分類→輸出設定
結果輸出：
螢幕

3.點選確定

分類結果輸出到主螢幕以利檢視:

- 輸出至螢幕可做簡單的察看，也可點選項目查看明細

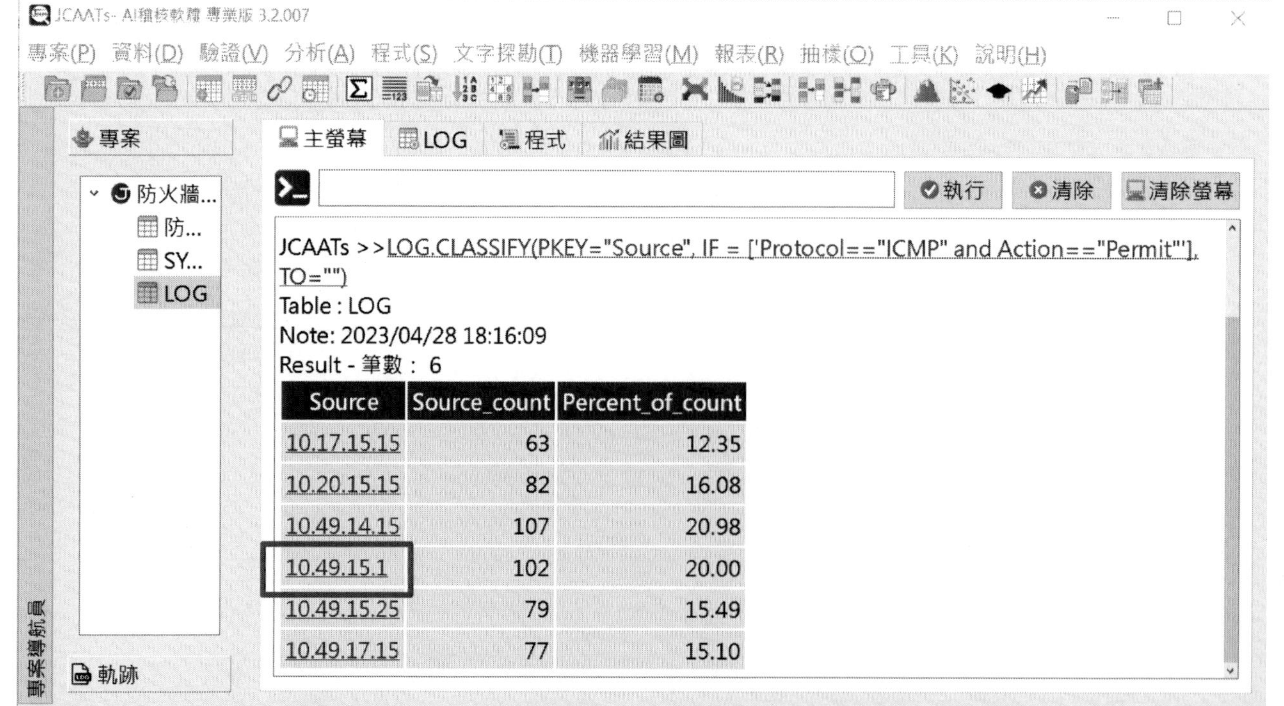

Source	Source_count	Percent_of_count
10.17.15.15	63	12.35
10.20.15.15	82	16.08
10.49.14.15	107	20.98
10.49.15.1	102	20.00
10.49.15.25	79	15.49
10.49.17.15	77	15.10

查看高風險來源位址的相關網路活動

- 可進一步分析相關網路活動的連線時間，與主要的探索對象。

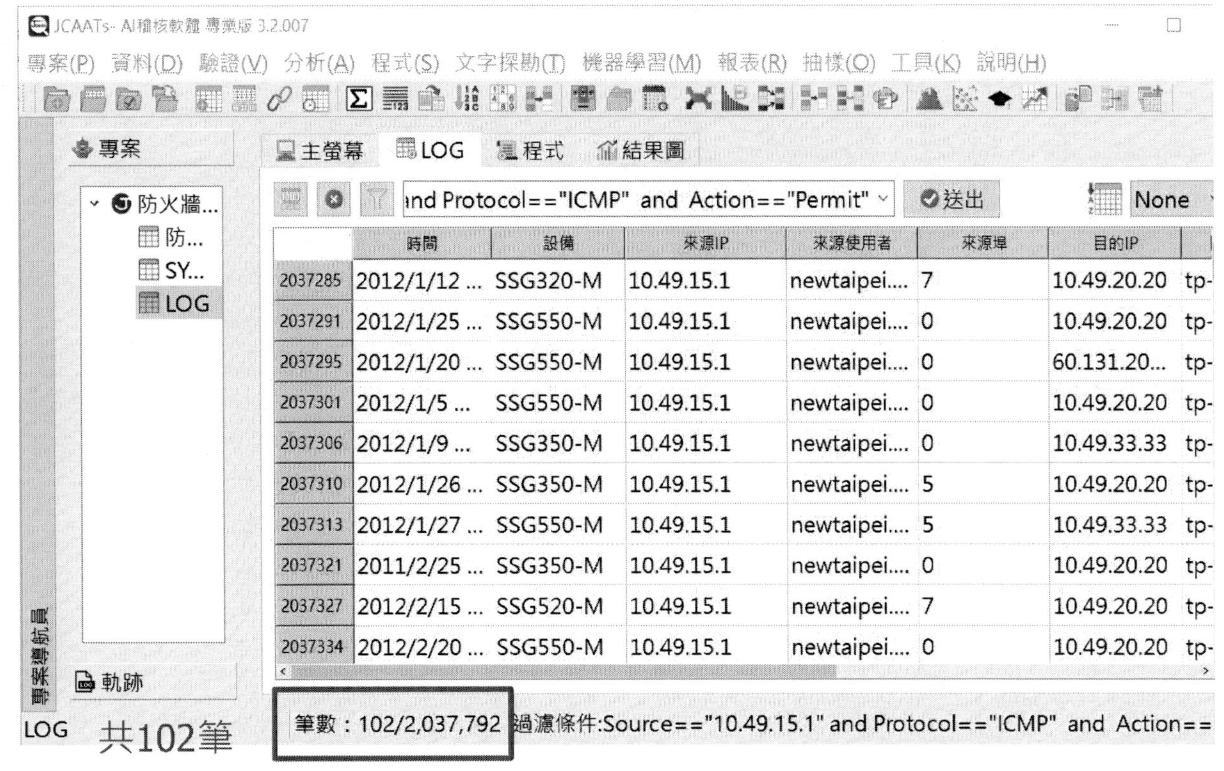

透過分類結果圖快速了解異常來源位址

- 點選結果圖，可以查看視覺化圖表，也可以點選項目查看明細

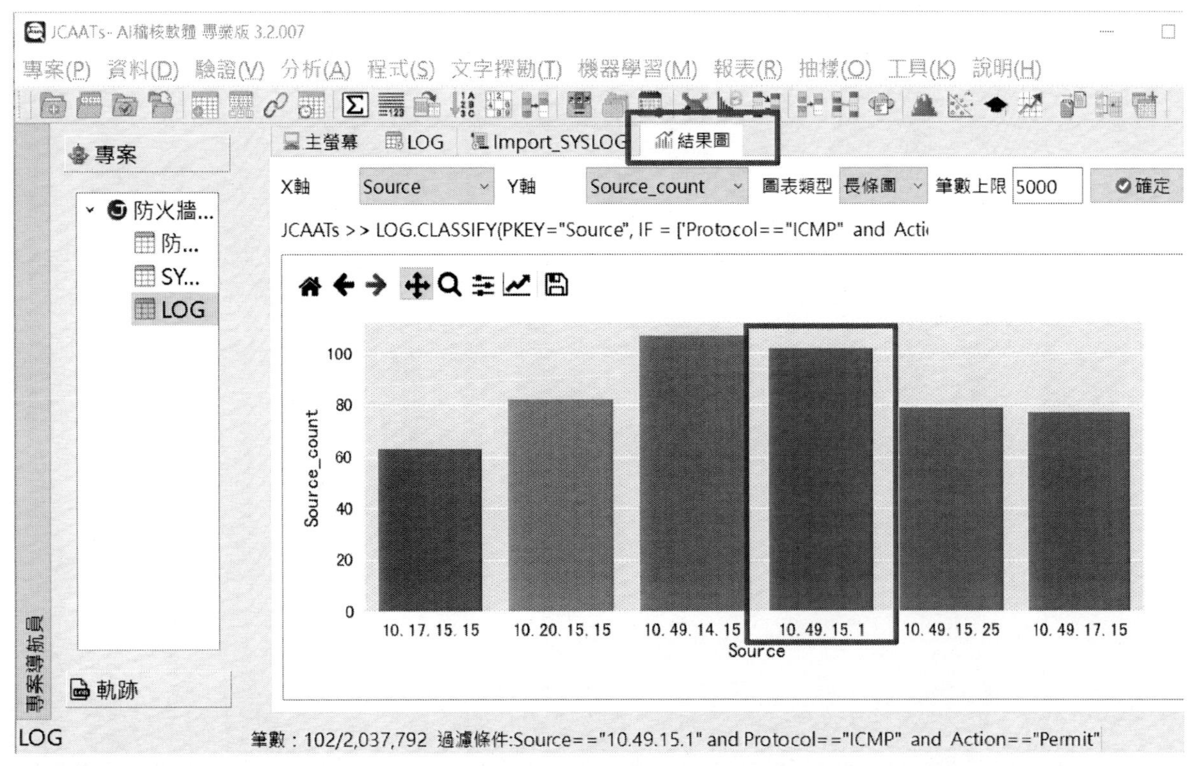

往下鑽探了解異常來源IP明細資料:

- 點選結果圖，可以查看視覺化圖表，也可以點選項目查看明細

	時間	設備	來源IP	來源使用者	來源埠	目的IP	
2037285	2012/1/12 ...	SSG320-M	10.49.15.1	newtaipei....	7	10.49.20.20	tp-
2037291	2012/1/25 ...	SSG550-M	10.49.15.1	newtaipei....	0	10.49.20.20	tp-
2037295	2012/1/20 ...	SSG550-M	10.49.15.1	newtaipei....	0	60.131.20...	tp-
2037301	2012/1/5 ...	SSG550-M	10.49.15.1	newtaipei....	0	10.49.20.20	tp-
2037306	2012/1/9 ...	SSG350-M	10.49.15.1	newtaipei....	0	10.49.33.33	tp-
2037310	2012/1/26 ...	SSG350-M	10.49.15.1	newtaipei....	5	10.49.20.20	tp-
2037313	2012/1/27 ...	SSG550-M	10.49.15.1	newtaipei....	5	10.49.33.33	tp-
2037321	2011/2/25 ...	SSG350-M	10.49.15.1	newtaipei....	0	10.49.20.20	tp-
2037327	2012/2/15 ...	SSG520-M	10.49.15.1	newtaipei....	7	10.49.20.20	tp-
2037334	2012/2/20 ...	SSG550-M	10.49.15.1	newtaipei....	0	10.49.20.20	tp-

103

異常明細儲存資料表以利後續查核:

- 回到「主螢幕」點選LOG修改分類的輸出設定
- 將查核結果儲存製資料表以利後續觀察

Source	Source_count	Percent_of_count
10.17.15.15	63	12.35
10.20.15.15	82	16.08
10.49.14.15	107	20.98
10.49.15.1	102	20.00
10.49.15.25	79	15.49
10.49.17.15	77	15.10

104

輸出設定:

1.條件設定
分析→分類
分類：
不用修改

2.輸出設定
分類→輸出設定
結果輸出：
資料表
名稱：
風險來源位址發生頻率

3.點選確定

查核結果:風險來源位址發生頻率分析

- 可依據發生頻率，評估可能的攻擊來源位址，可直接設為黑名單；或評估是否防火牆政策有不週延之處。

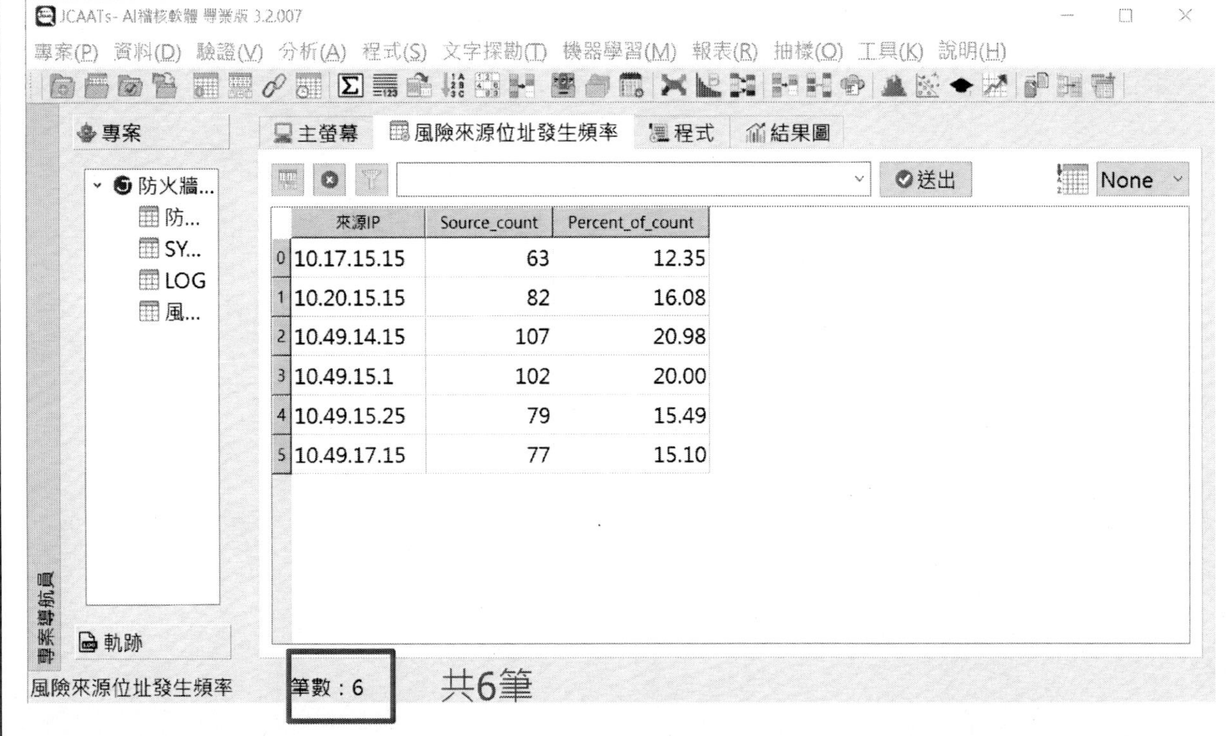

	來源IP	Source_count	Percent_of_count
0	10.17.15.15	63	12.35
1	10.20.15.15	82	16.08
2	10.49.14.15	107	20.98
3	10.49.15.1	102	20.00
4	10.49.15.25	79	15.49
5	10.49.17.15	77	15.10

AI Audit Expert

上機實作演練三:防火牆日誌異常偵查-未經許可FTP檔案傳輸活動

查核目標:
以Fortinet的LOG進行分析，以簡單的分析函數找出疑似未經許可開放高風險服務與疑似不合規範之外對內、內對外連線等結果。

查核是否有未經許可FTP檔案傳輸活動

- 提示：
  - FTP使用TCP協定, 預設通訊埠為21
  - Action欄位為Permit 表示通行, Block表示被阻擋
- 思考：如果內外連線時, 並未使用預定的通訊埠, 如何查看是否有異常連線情形

資料分析:進行異常條件篩選

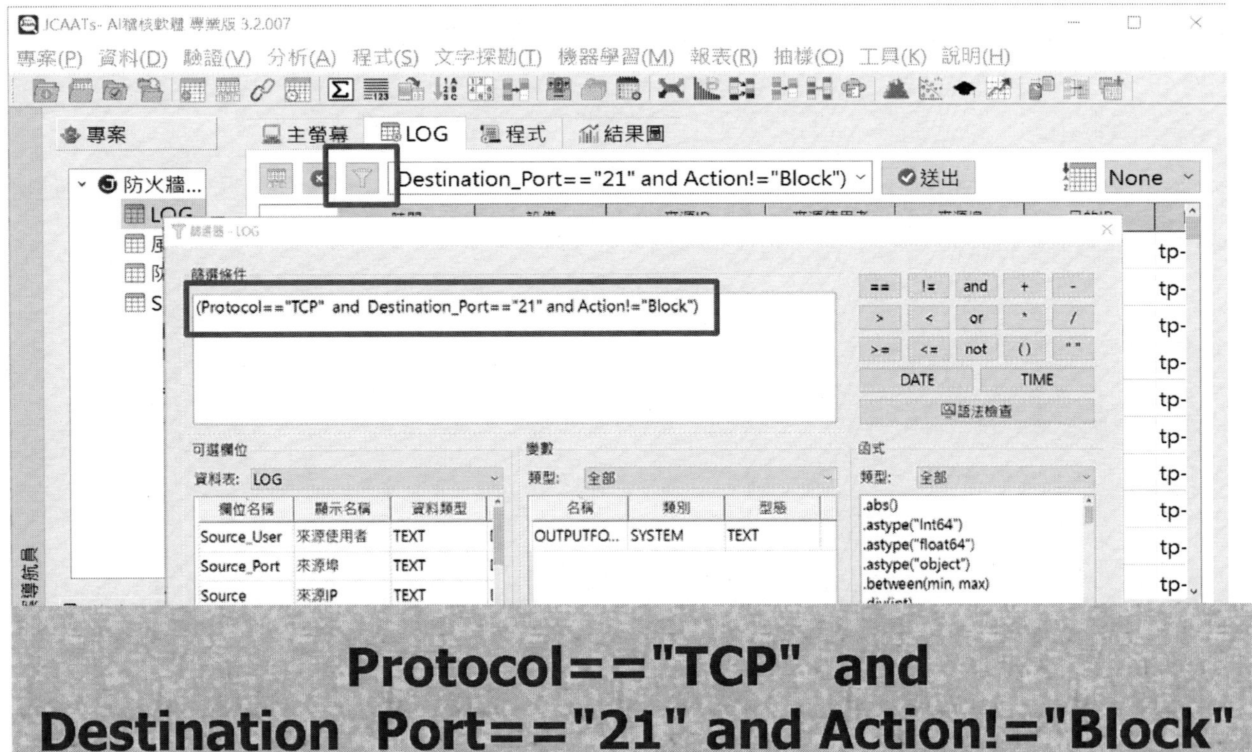

是否有未經許可FTP檔案傳輸活動

異常查核結果:

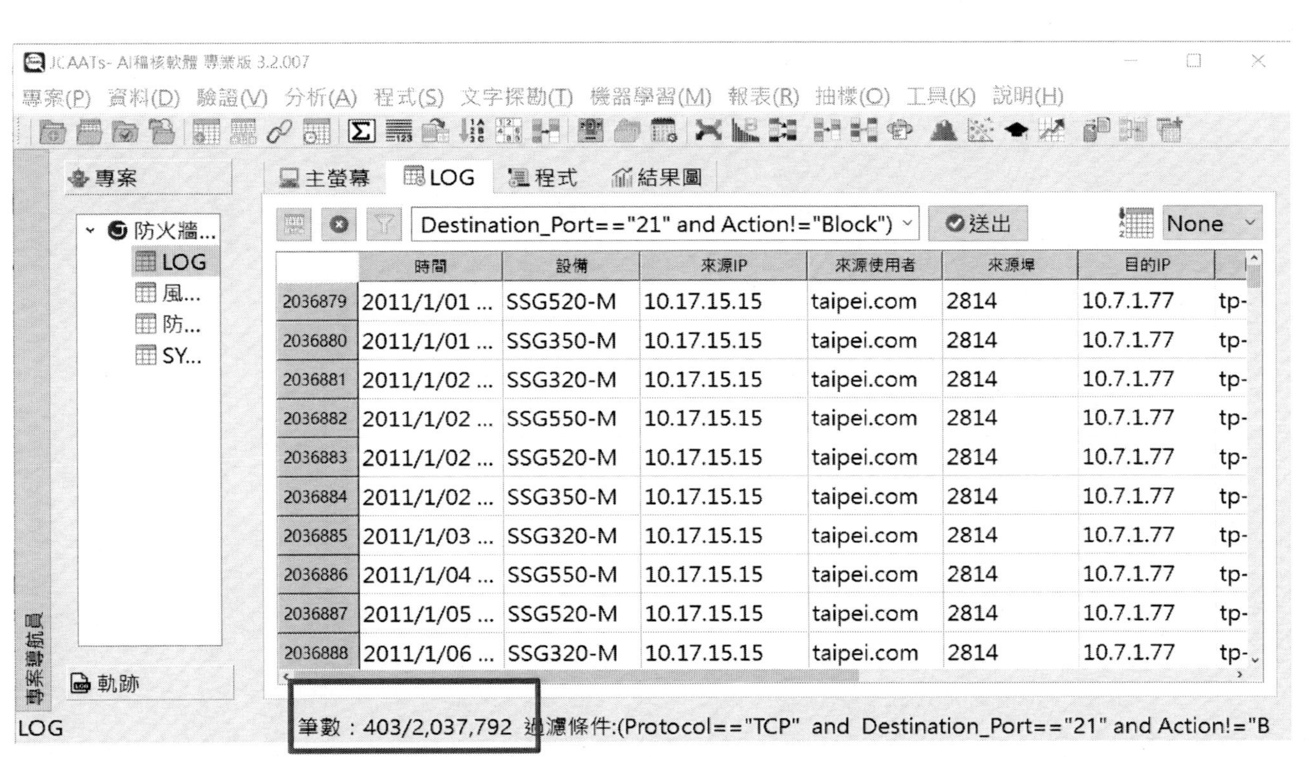

共403筆

分類(Classify)統計FTP連線位址與發生頻率:

1.條件設定
分析→分類
分類：
Source(來源IP)

2.輸出設定
分類→輸出設定
結果輸出：
資料表
名稱：
FTP連線位址與發生頻率

3.點選確定

JCAATs-AI Audit Software
Copyright © 2023 JACKSOFT.

儲存FTP的連線位址與發生頻率分析結果:

- 可依據所連線的來源位址，查看防火牆政策申請單，確認是否都已經過核准。

	來源IP	Source_count	Percent_of_count
0	10.17.15.15	38	9.43
1	10.20.15.15	64	15.88
2	10.49.14.15	34	8.44
3	10.49.15.15	151	37.47
4	10.49.15.25	10	2.48
5	10.49.17.15	45	11.17
6	10.49.18.15	43	10.67
7	10.49.28.15	9	2.23
8	10.55.15.15	9	2.23

結果圖: FTP的連線位址與發生頻率

- 點選結果圖察看視覺化圖表。

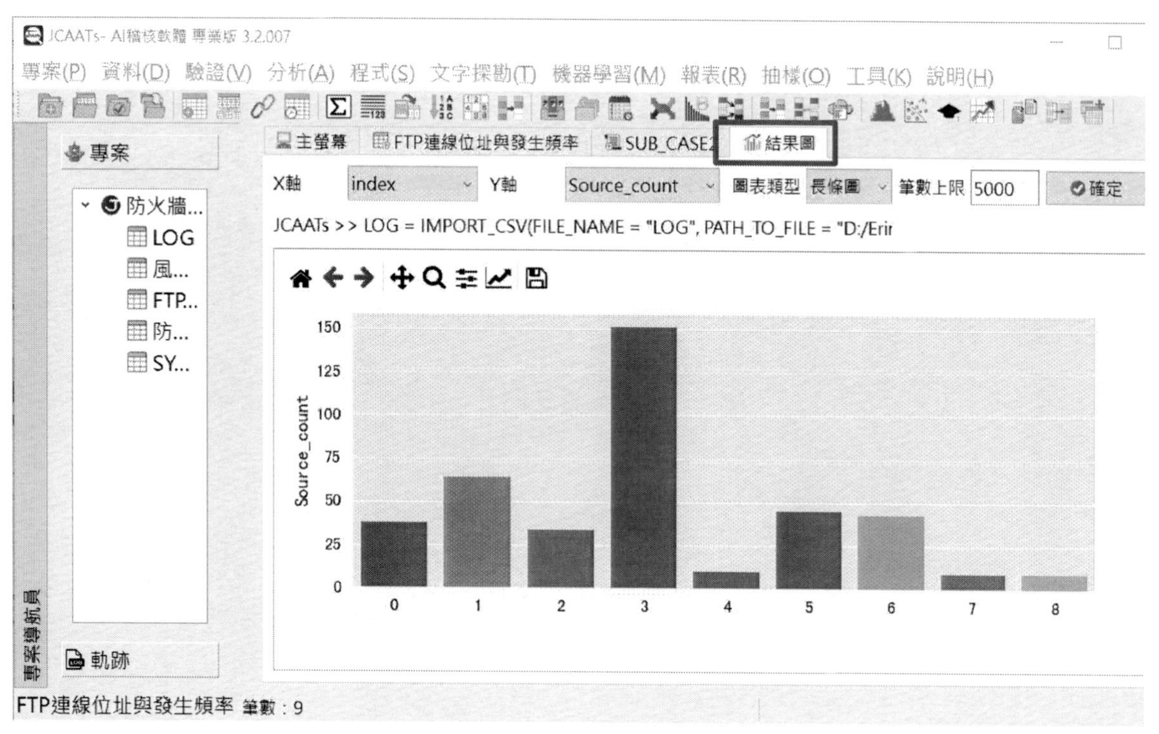

jacksoft | AI Audit Expert

www.jacksoft.com.tw

上機實作演練四: 防火牆日誌異常偵查 -未經許可的外部連線

查核目標:
以Fortinet的LOG進行分析，以簡單的分析函數找出疑似未經許可開放高風險服務與疑似不合規範之外對內、內對外連線等結果。

如何查看是否有未經許可的外部連線?

- 提示：
  - 先去除,非內對外的連線資料 (內部IP均為: 10.X.X.X, 172.X.X.X, 192.X.X.X)
  - 再分類外對內的連線對象與服務 (目的IP, 目的Port, 通訊協定)

新增公式欄位-使用SPLIT()區分網段

- 資料表結構→新增公式欄位

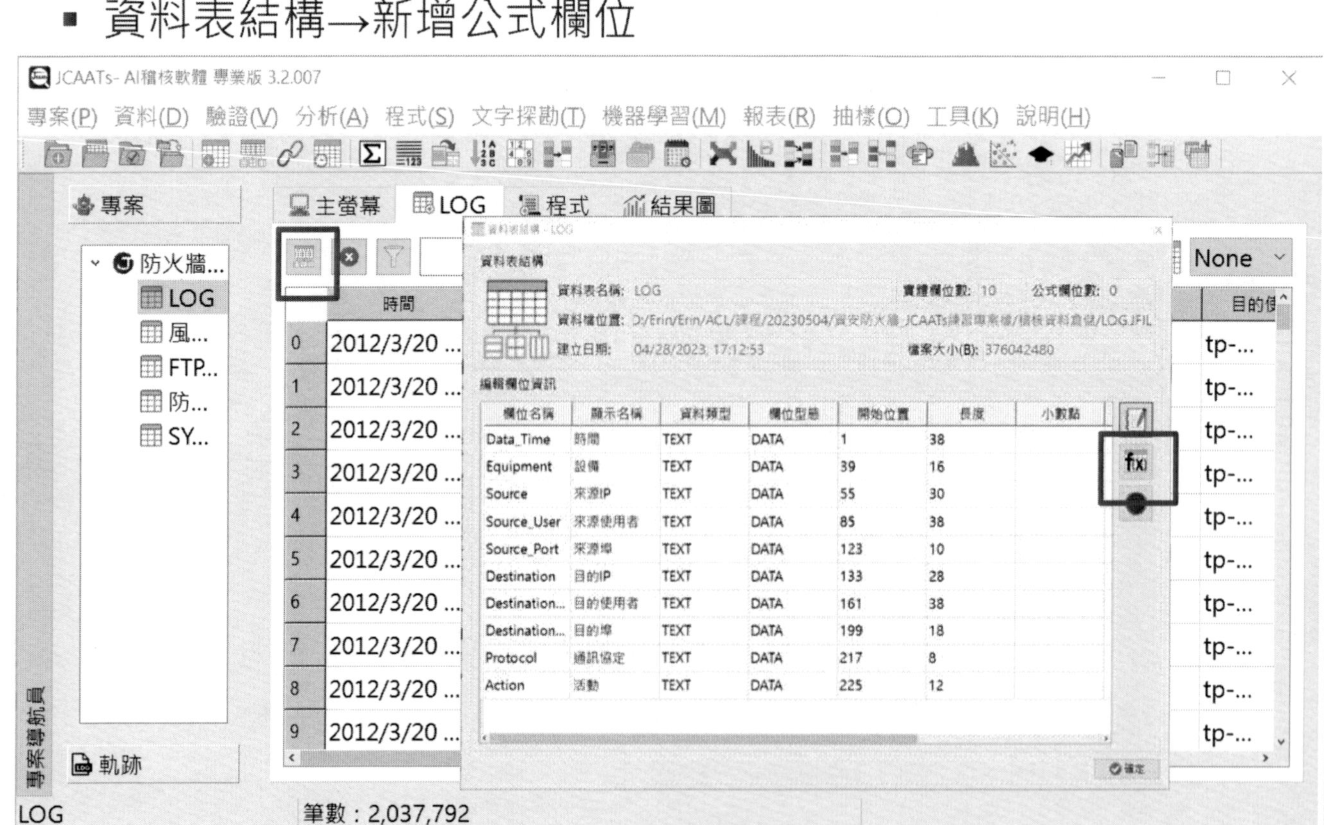

新增公式欄位:使用SPLIT()區分網段

- 欄位名稱：Segment_S
- 初始值：**Source.str.split(".").str.get(0)**

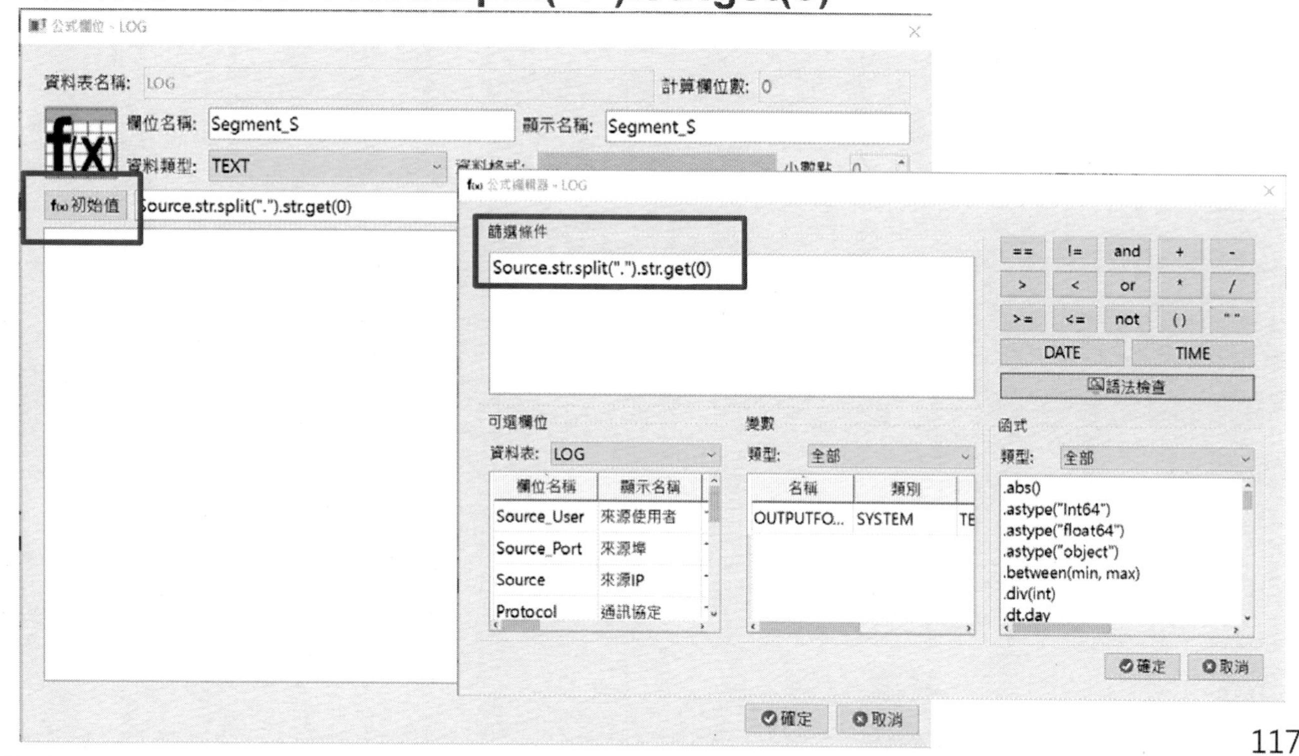

資料整理: 新增公式欄位結果

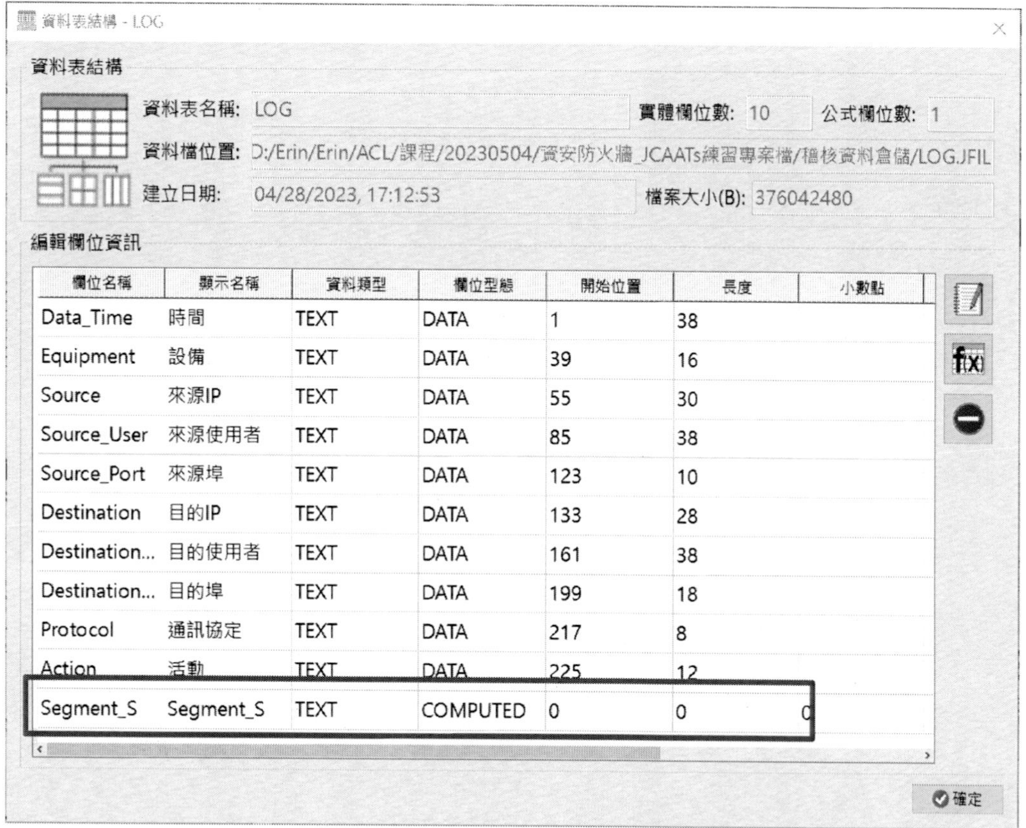

欄位名稱	顯示名稱	資料類型	欄位型態	開始位置	長度	小數點
Data_Time	時間	TEXT	DATA	1	38	
Equipment	設備	TEXT	DATA	39	16	
Source	來源IP	TEXT	DATA	55	30	
Source_User	來源使用者	TEXT	DATA	85	38	
Source_Port	來源埠	TEXT	DATA	123	10	
Destination	目的IP	TEXT	DATA	133	28	
Destination...	目的使用者	TEXT	DATA	161	38	
Destination...	目的埠	TEXT	DATA	199	18	
Protocol	通訊協定	TEXT	DATA	217	8	
Action	活動	TEXT	DATA	225	12	
Segment_S	Segment_S	TEXT	COMPUTED	0	0	0

彙總(Summarize)確認外對內連線是否符合規範條件設定

1.條件設定

分析→彙總

分類：

Destination
(目的IP)、
Destination_Port
(目的埠)、
Protocol
(通訊協定)

篩選器：

Segment_S ! = "10"
and
Segment_S ! = "192"
and
Segment_S ! = "172"

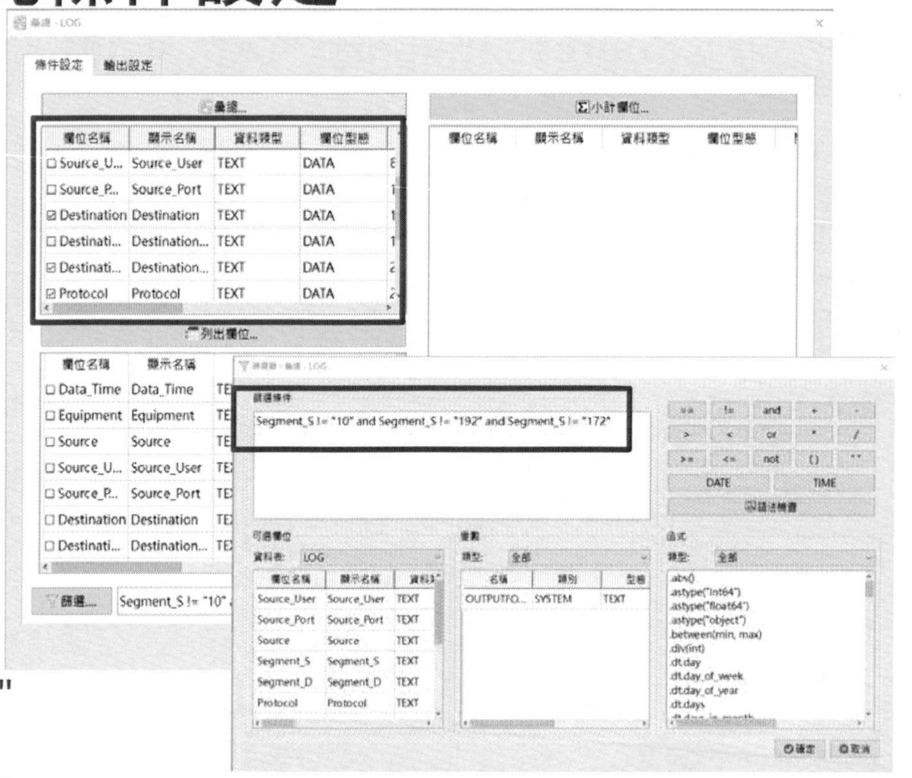

輸出設定:

2.輸出設定

彙總→輸出設定

結果輸出：
螢幕

3.點選確定

查核結果:外對內連線是否符合規範?

JCAATs >>LOG.SUMMARIZE(PKEYS=["Destination","Destination_Port","Protocol"], IF = ['Segment_S != "10" and Segment_S != "192" and Segment_S != "172" '], TO="")
Table : LOG
Note: 2023/05/05 09:22:24
Result - 筆數 : 1

Destination	Destination_Port	Protocol	COUNT
10.49.20.20	4500	UDP	66,782

註: UDP 協定與Port 4500 主要用於VPN的L2TP連線

(補充說明)
VPN通訊通常要開下列通訊埠 :
- PPTP的運作需要使用 TCP Port 1723 及 IP Protocol GRE(47)
- L2TP的運作需要使用 UDP Port 500、UDP Port 4500及IP Protocol ESP(50)
- Cisco VPN Client的運作需要使用 UDP Port 5000、UDP Port 10000及IP Protocol ESP(50)
- WebVPN的運作需要使用 TCP Port 443

| AI Audit Expert

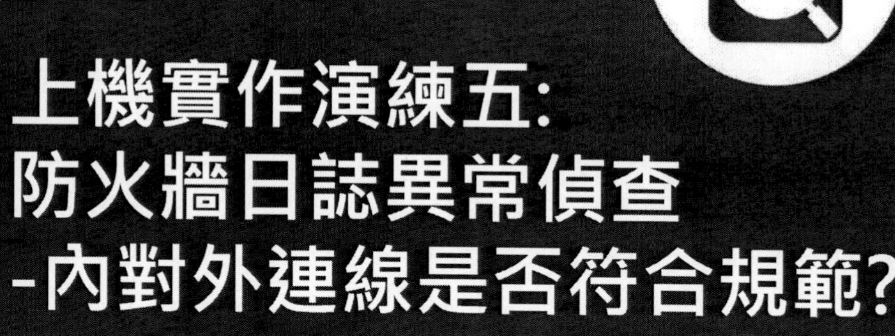

查核目標:
以Fortinet的LOG進行分析，以簡單的分析函數找出疑似未經許可開放高風險服務與疑似不合規範之外對內、內對外連線等結果。

查核目標：內對外連線是否符合規範?

- 提示：
  - 分析目的IP的組成區段, 有那些不同組成?
  - 去除內部IP的相關區段(10.X.X.X, 172.X.X.X, 192.X.X.X…)

- 思考：
  - 可依使用的目的通訊埠及目的IP, 評估是否均經過申請且符合使用規範。

新增公式欄位:

- 資料表結構→新增公式欄位

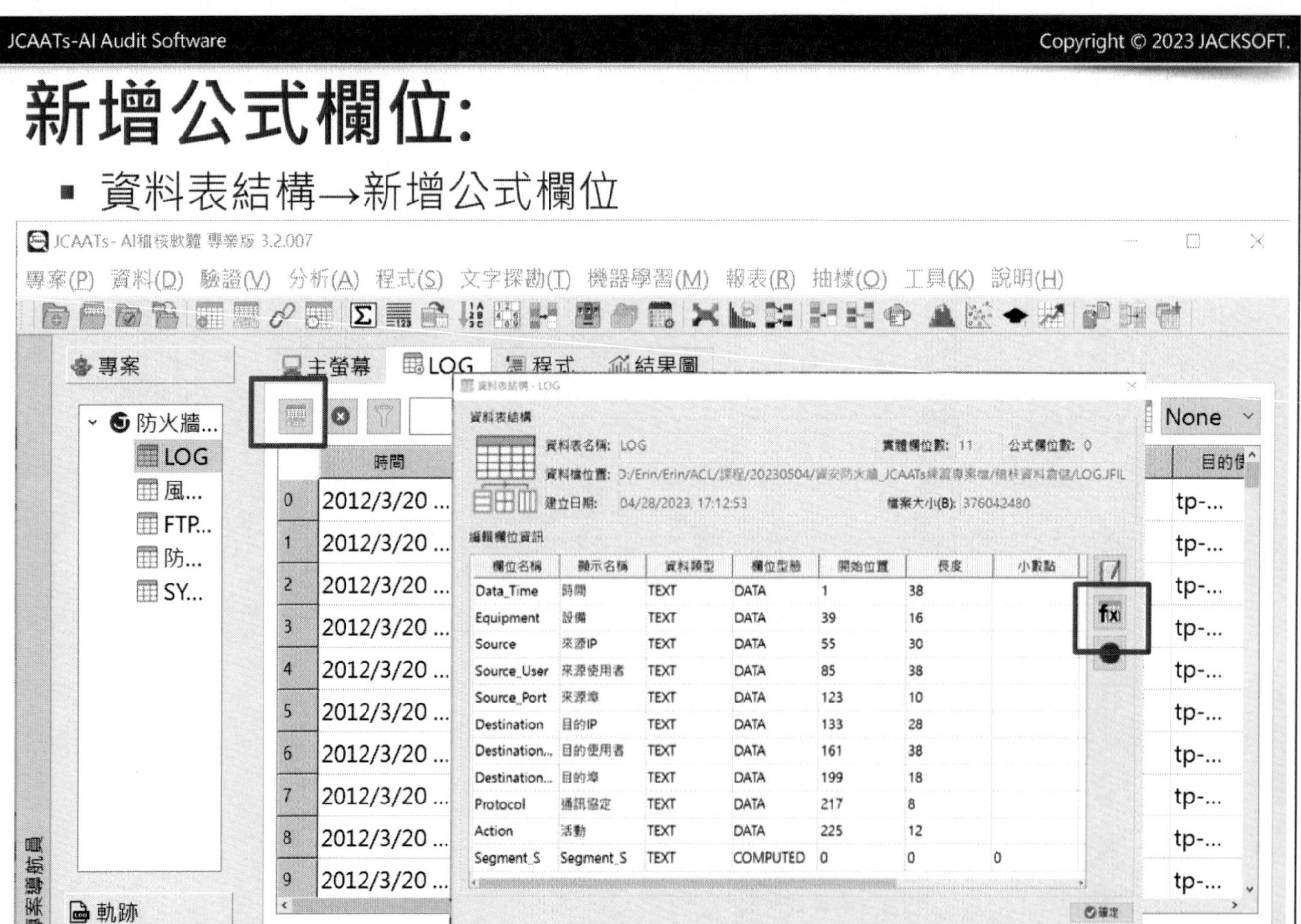

進行公式欄位篩選條件設定:

- 欄位名稱：Segment_D
- 初始值：**Destination.str.split(".").str.get(0)**

JCAATs-AI Audit Software

資料整理: 新增公式欄位結果

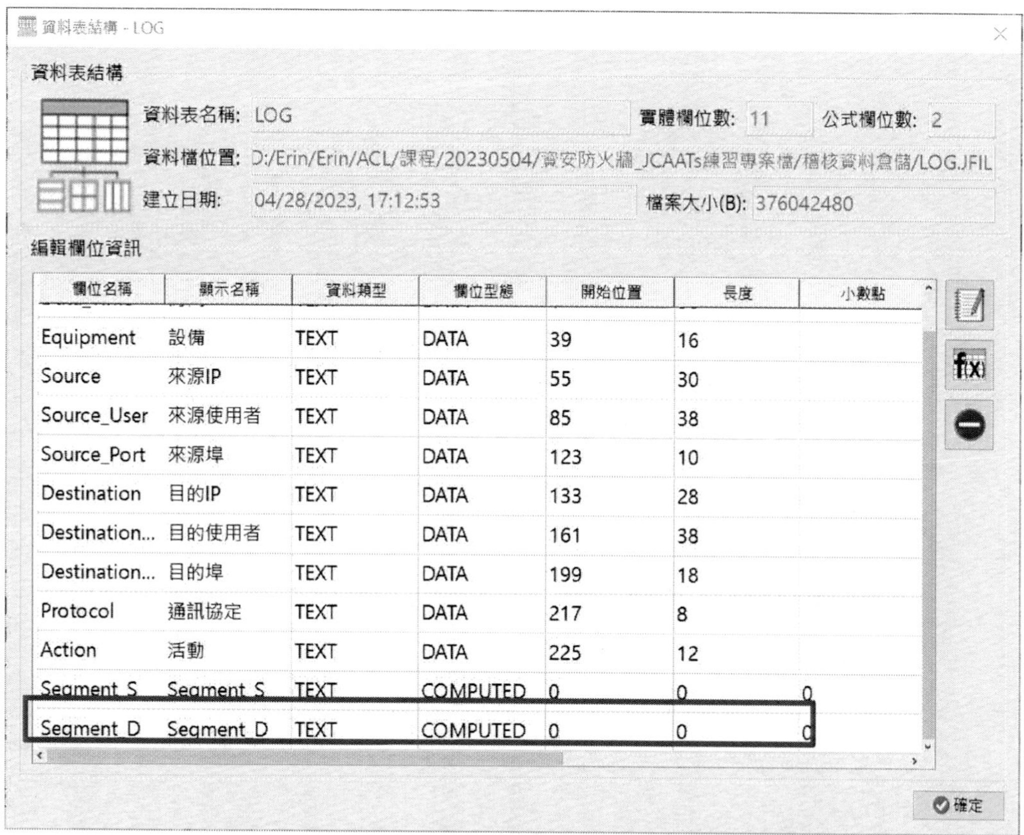
資料表結構 - LOG

資料表結構

資料表名稱: LOG　實體欄位數: 11　公式欄位數: 2

資料檔位置: D:/Erin/Erin/ACL/課程/20230504/資安防火牆_JCAATs練習專案檔/稽核資料倉儲/LOG.JFIL

建立日期: 04/28/2023, 17:12:53　檔案大小(B): 376042480

編輯欄位資訊

欄位名稱	顯示名稱	資料類型	欄位型態	開始位置	長度	小數點
Equipment	設備	TEXT	DATA	39	16	
Source	來源IP	TEXT	DATA	55	30	
Source_User	來源使用者	TEXT	DATA	85	38	
Source_Port	來源埠	TEXT	DATA	123	10	
Destination	目的IP	TEXT	DATA	133	28	
Destination...	目的使用者	TEXT	DATA	161	38	
Destination...	目的埠	TEXT	DATA	199	18	
Protocol	通訊協定	TEXT	DATA	217	8	
Action	活動	TEXT	DATA	225	12	
Segment_S	Segment_S	TEXT	COMPUTED	0	0	0
Segment_D	Segment_D	TEXT	COMPUTED	0	0	0

確定

進行公式欄位篩選條件設定:

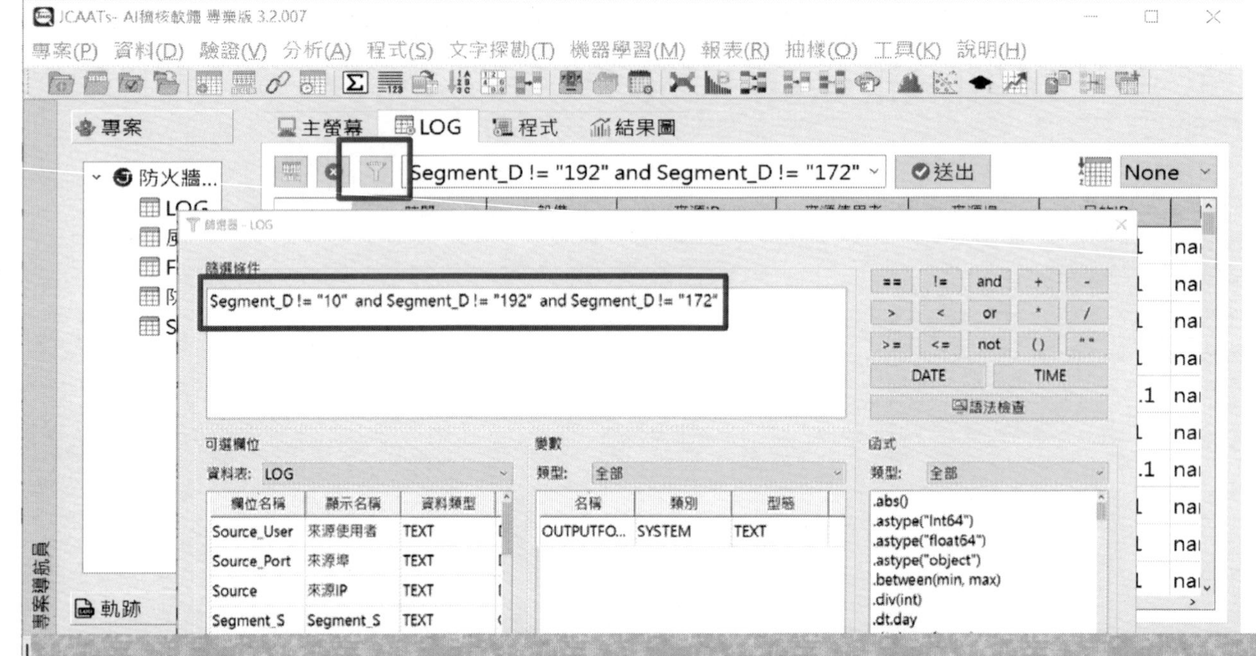

Segment_D != "10" and Segment_D != "192" and Segment_D != "172"

異常篩選結果:

找到901,901筆

彙總(Summarize)條件設定以分析外對內連線是否符合規範?

1.條件設定

分析→彙總

分類：

Destination

(目的IP)、

Destination_Port

(目的埠)、

Protocol

(通訊協定)

JCAATs-AI Audit Software
Copyright © 2023 JACKSOFT.

輸出結果設定:

2.輸出設定

彙總→輸出設定

結果輸出：

資料表

名稱：

內對外連線查核

3.點選確定

查核結果: 內對外連線是否符合規範?

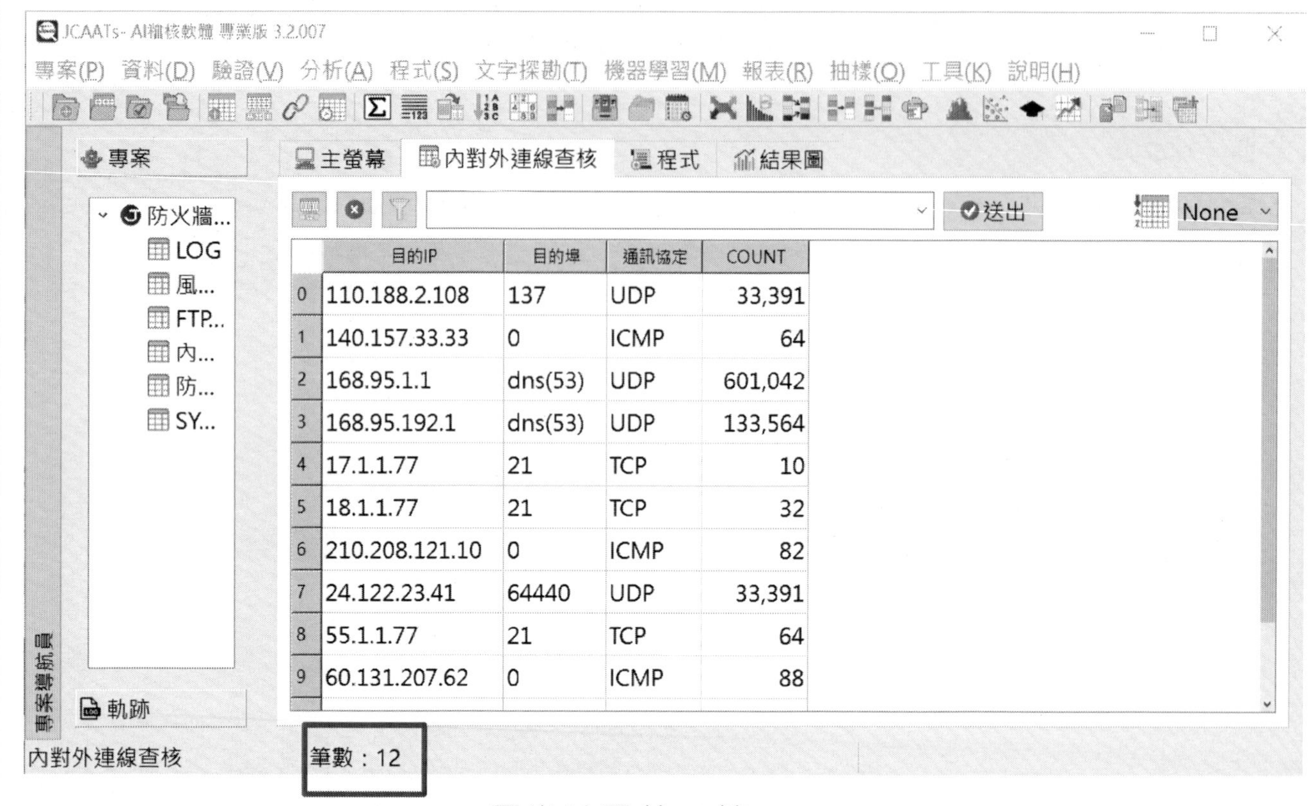

	目的IP	目的埠	通訊協定	COUNT
0	110.188.2.108	137	UDP	33,391
1	140.157.33.33	0	ICMP	64
2	168.95.1.1	dns(53)	UDP	601,042
3	168.95.192.1	dns(53)	UDP	133,564
4	17.1.1.77	21	TCP	10
5	18.1.1.77	21	TCP	32
6	210.208.121.10	0	ICMP	82
7	24.122.23.41	64440	UDP	33,391
8	55.1.1.77	21	TCP	64
9	60.131.207.62	0	ICMP	88

異常結果共12筆

| AI Audit Expert

防火牆控制有效性
持續性電腦稽核/監控

內控三道防線的有效防禦

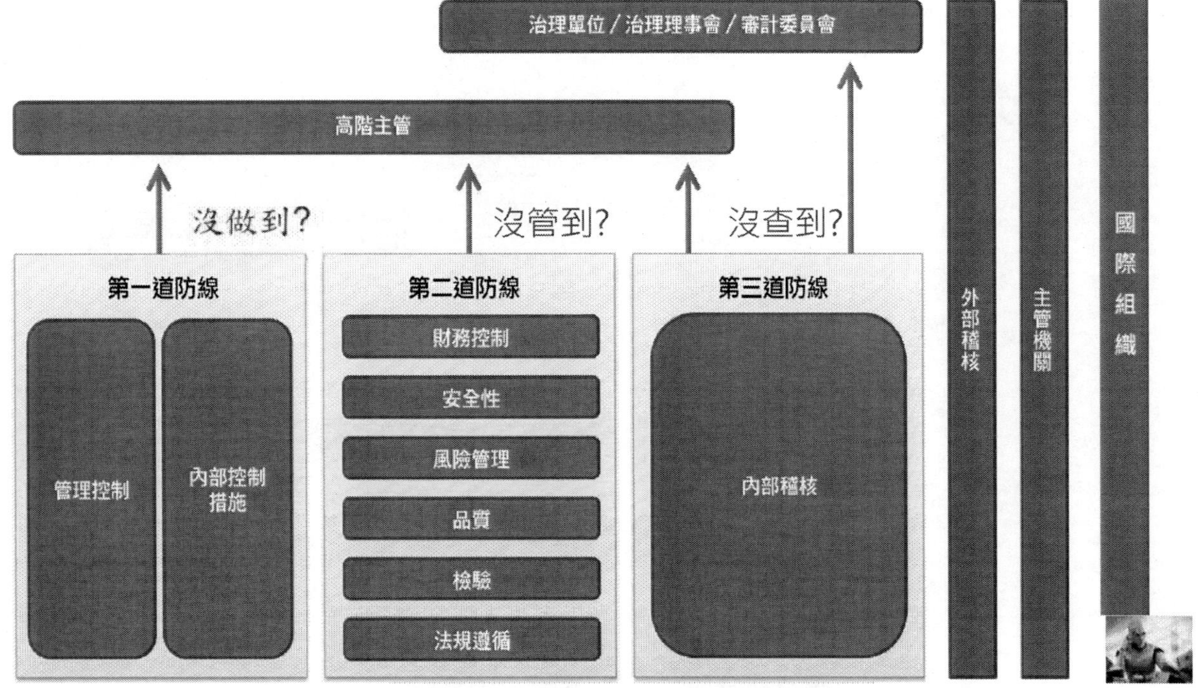

國際內部控制與稽核趨勢

持續性風險評估應用應擴大到組織各層面

資料來源: IIA

利用JCAATs Script 自動化稽核程序

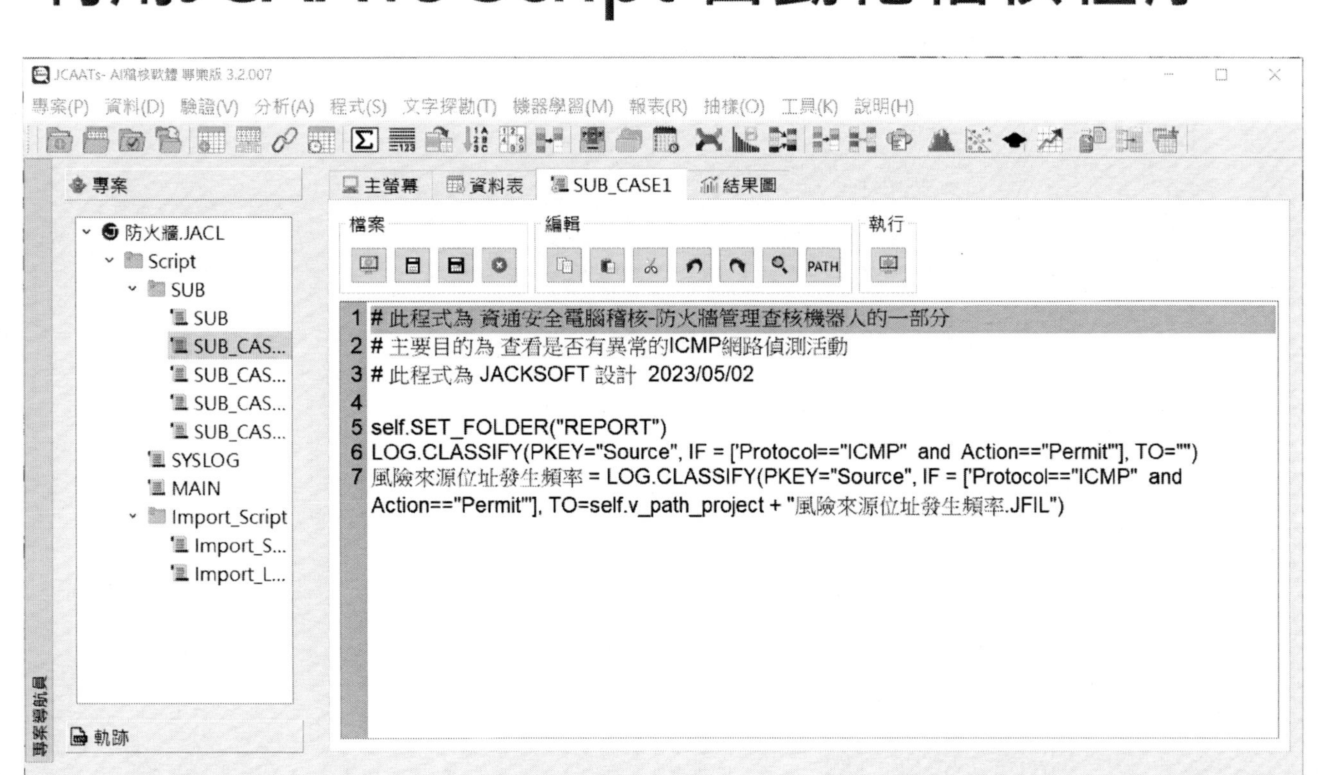

持續性稽核規劃架構

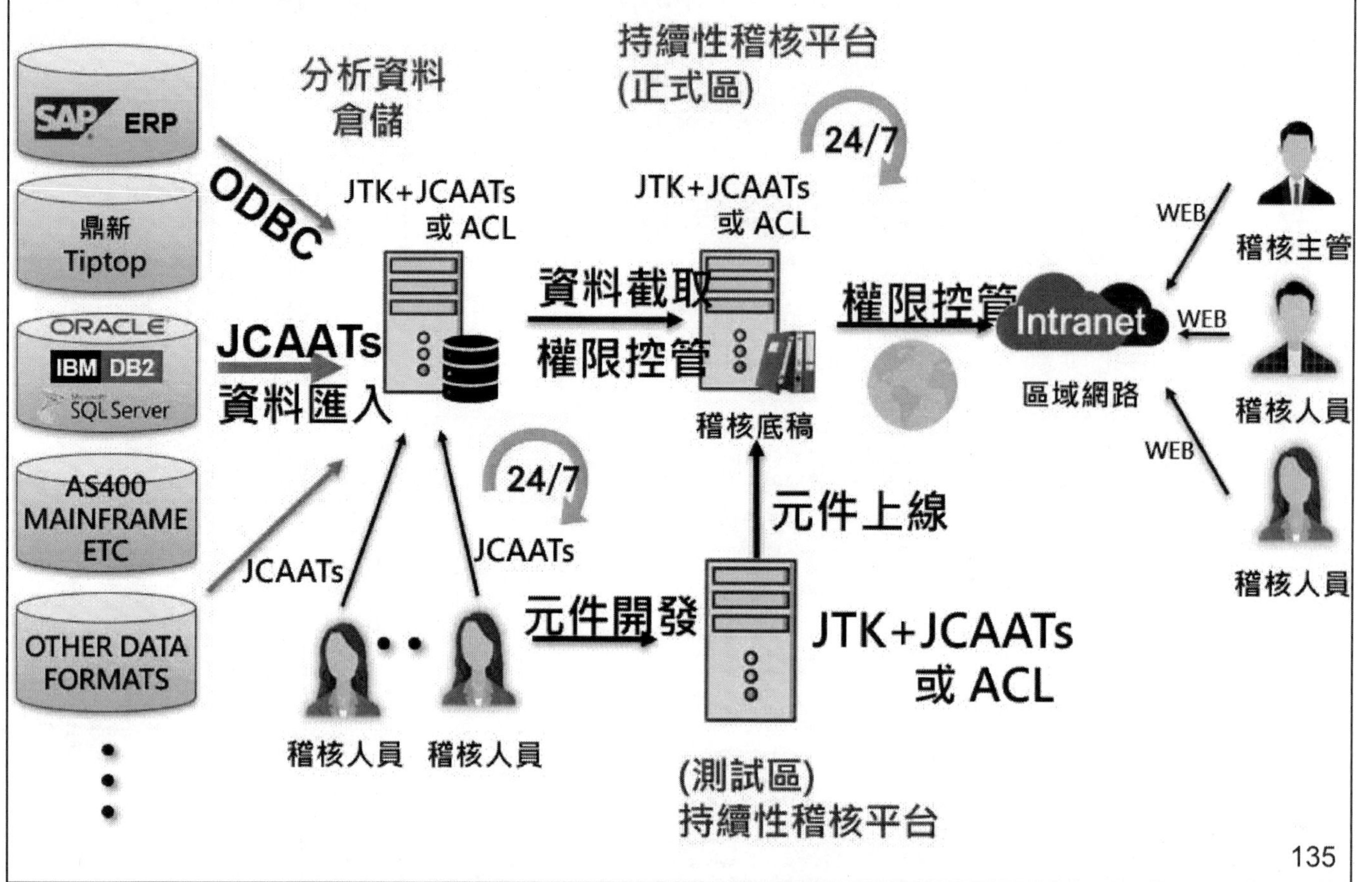

建置持續性稽核APP的基本要件

- 將手動操作分析改為自動化稽核
  - –將專案查核過程轉為JCAATs Script
  - –確認資料下載方式及資料存放路徑
  - –JCAATs Script修改與測試
  - –設定排程時間自動執行
- 使用持續性稽核平台
  - –包裝元件
  - –掛載於平台
  - –設定執行頻率

如何建立JCAATs專案持續稽核

➢ 持續性稽核專案進行六步驟：

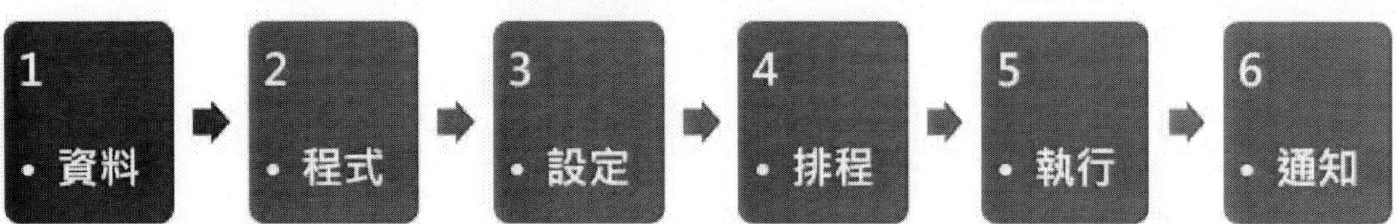

▲稽核自動化：

■ 電腦稽核主機 - 一天可以工作24 小時

JCAATs-AI Audit Software
Copyright © 2023 JACKSOFT.

JISBot 資訊安全稽核機器人

1. 標準化程式格式，容易了解與分享
2. 安裝簡易，快速解決彈性制度變化
3. 有效轉換資訊投資與稽核知識成為公司資產
4. 建立元件方式簡單，自己可動手進行

防火牆-自動化稽核元件

禁用vendor default 帳號查核(PCI DSS 2.1.b)

使用者帳號存取權限查核(PCI DSS 1.1.5)

未經授權之防火牆規則變更查核(PCI DSS 1.1.1.c)

使用 services,ports and protocols查核(PCI DSS 1.1.6)

防火牆規則未移除已停用IP查核功能需求

JTK 持續性電腦稽核管理平台

開發稽核自動化元件　經濟部發明專利第 I 380230號　稽核結果E-mail 通知

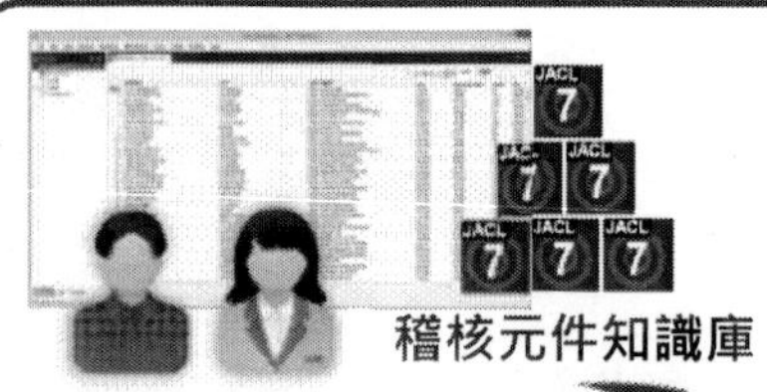

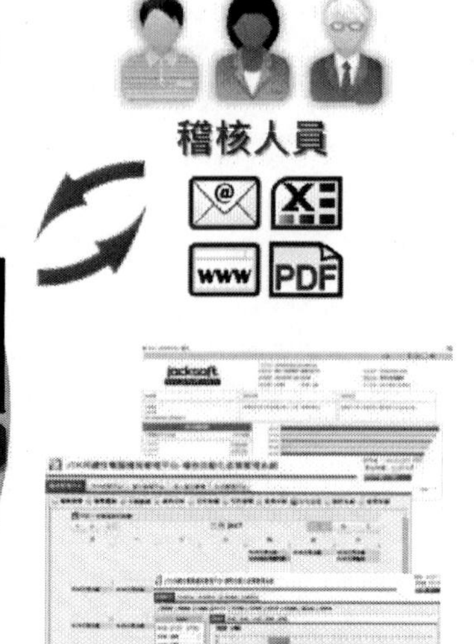

稽核自動化元件管理　稽核自動化底稿管理與分享

■稽核自動化：電腦稽核主機
一天24小時一周七天的為我們工作。

JTK | **Jacksoft ToolKits For Continuous Auditing**
The continuous auditing platform

JTK 持續性電腦稽核管理平台

超過百家客戶口碑肯定 持續性稽核第一品牌

無縫接軌 AI 智慧稽核新作業環境

透過最新 AI 智能大數據資料分析引擎，進行持續性稽核 (Continuous Auditing) 與持續性監控 (Continuous Monitoring) 提升組織韌性，協助成功數位轉型，提升公司治理成效。

海量資料分析引擎

利用CAATs不限檔案容量與強大的資料處理效能，確保100%的查核涵蓋率。

資訊安全 高度防護

加密式資料傳遞、資料遮罩、浮水印等資安防護，個資有保障，系統更安全。

多維度查詢稽核底稿

可依稽核時間、作業循環、專案名稱、分類查詢等角度查詢稽核底稿。

多樣圖表 靈活運用

可依查核作業特性，適性選擇多樣角度，對底稿資料進行個別分析或統計分析。

JTK持續性稽核平台儀表板

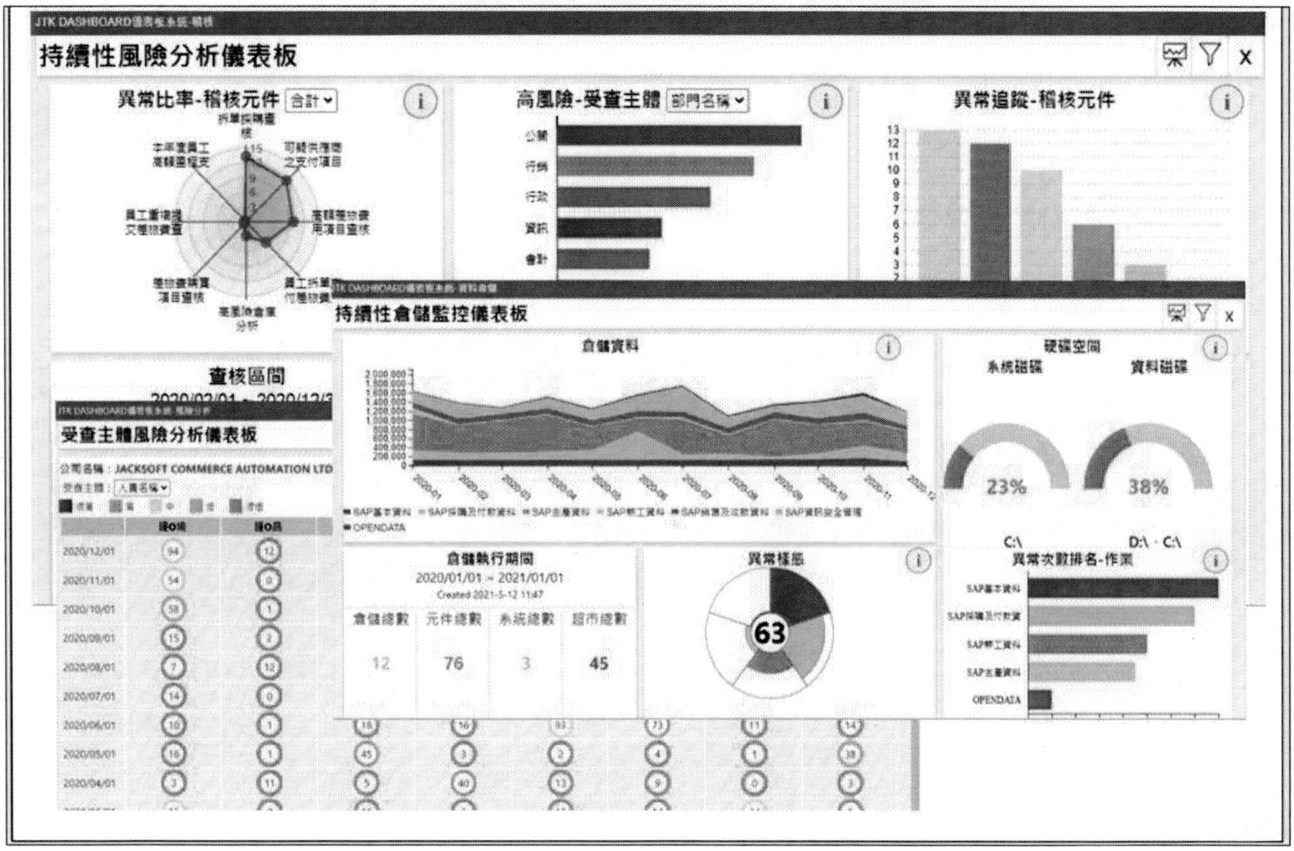

持續性風險分析儀表板

異常比率-稽核元件

高風險-受查主體

異常追蹤-稽核元件

查核區間

受查主體風險分析儀表板

公司名稱：JACKSOFT COMMERCE AUTOMATION LTD

持續性倉儲監控儀表板

倉儲資料

硬碟空間

系統磁碟 23% C:\

資料磁碟 38% D:\、C:\

倉儲執行期間

2020/01/01 ~ 2021/01/01

倉儲總數	元件總數	系統總數	超市總數
12	76	3	45

異常樣態 63

異常次數排名-作業

Copyright © 2023 JACKSOFT.

電腦稽核軟體應用學習Road Map

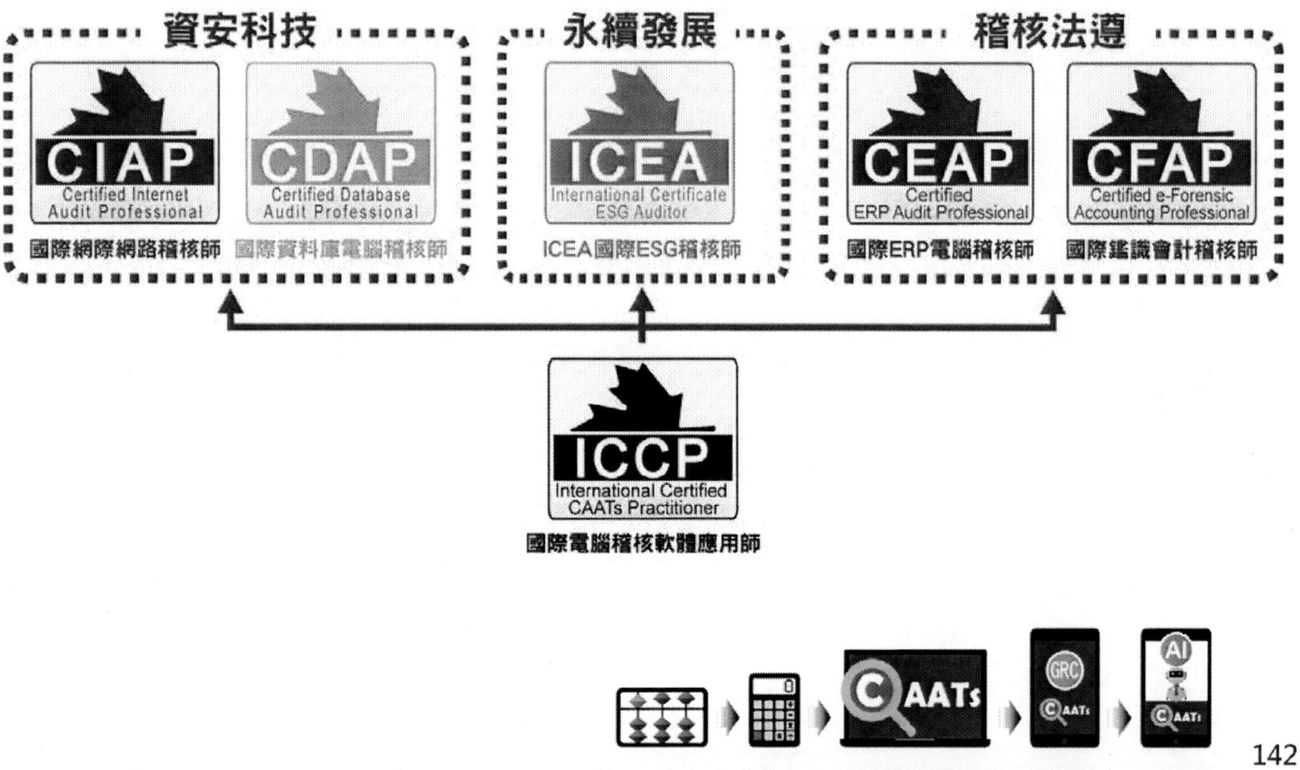

永續發展

稽核法遵

國際網際網路稽核師

國際資料庫電腦稽核師

ICEA國際ESG稽核師

國際ERP電腦稽核師

國際鑑識會計稽核師

國際電腦稽核軟體應用師

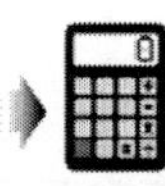

專業級證照- ICCP

國際電腦稽核軟體應用師(專業級)

International Certified CAATs Practitioner

CAATs
-Computer-Assisted Audit Technique

強調在電腦稽核輔助工具使用的職能建立

職能	說明
目的	證明稽核人員有使用電腦稽核軟體工具的專業能力。
學科	電腦審計、個人電腦應用
術科	CAATs 工具

JCAATs-AI Audit Software

Copyright © 2023 JACKSOFT.

AI智慧化稽核流程

~透過最新AI稽核技術建構內控三道防線的有效防禦，

事後稽核

查核規劃 → 程式設計 → 執行查核 → 結果報告

- 查核規劃：■ 訂定系統查核範圍，決定取得及讀取資料方式
- 程式設計：■ 資料完整性驗證，資料分析稽核程序設計
- 執行查核：■ 執行自動化稽核程式
- 結果報告：■ 自動產生稽核報告

事前稽核

學習資料 → 機器學習 → 預測分析 → 成果評估

- 學習資料：■ 建立學習資料
- 機器學習：■ 執行訓練
- 預測分析：■ 執行預測
- 成果評估：■ 預測結果評估

監督式機器學習　　非監督式機器學習

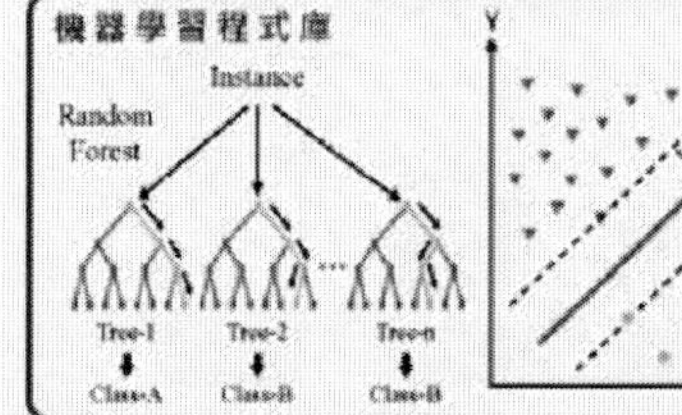

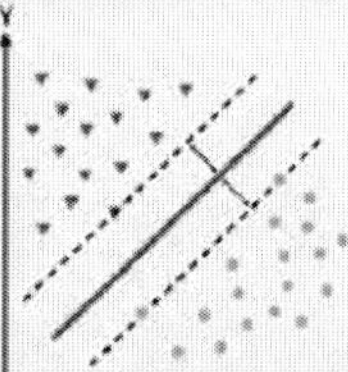

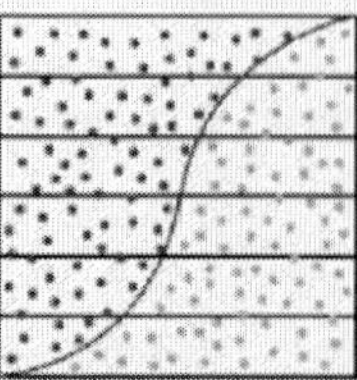

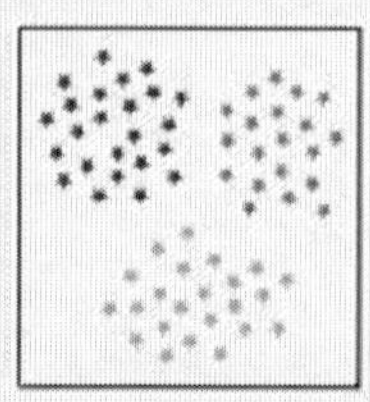

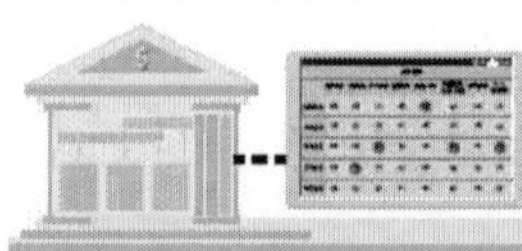

持續性稽核與持續性機器學習
協助作業風險預估開發步驟

JISBot資訊安全稽核機器人模組

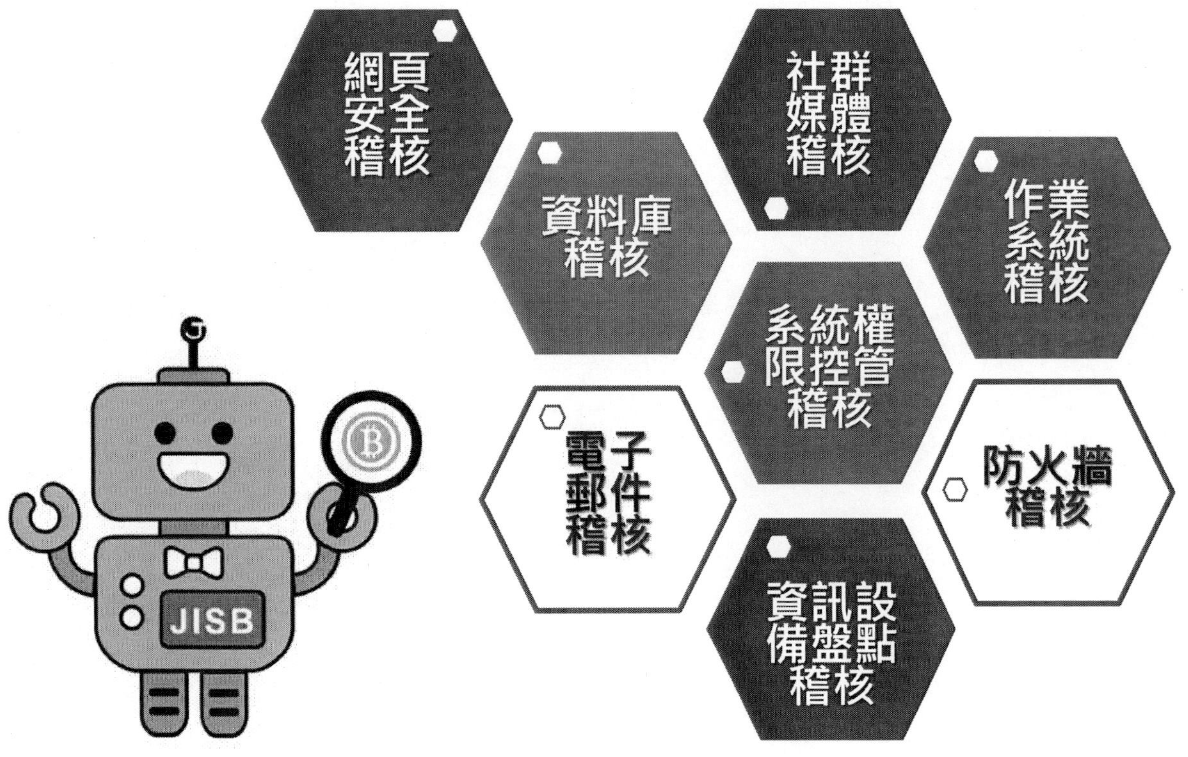

Fortinet 防火牆稽核範例

FORTINET防火牆高風險POR...

圖表　功能

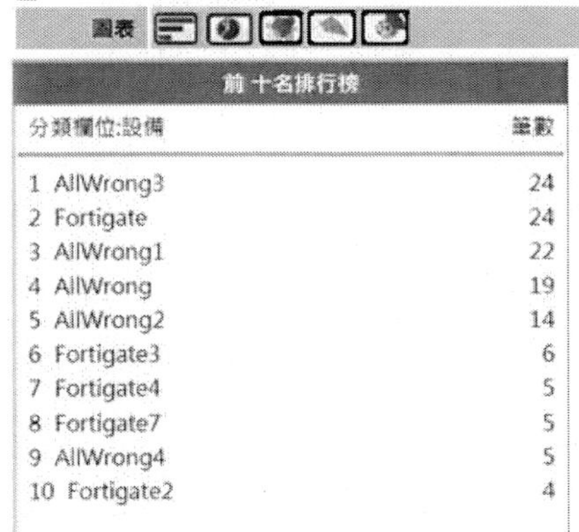

前十名排行榜

分類欄位:設備	筆數
1 AllWrong3	24
2 Fortigate	24
3 AllWrong1	22
4 AllWrong	19
5 AllWrong2	14
6 Fortigate3	6
7 Fortigate4	5
8 Fortigate7	5
9 AllWrong4	5
10 Fortigate2	4

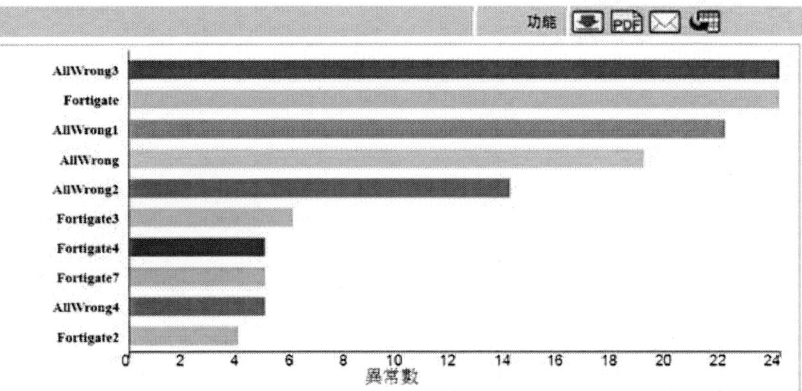

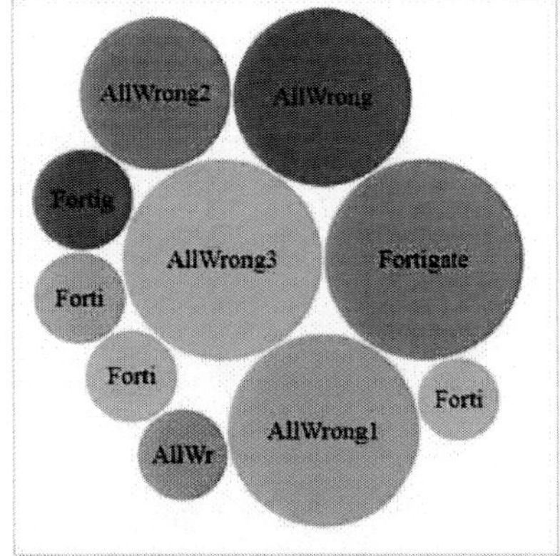

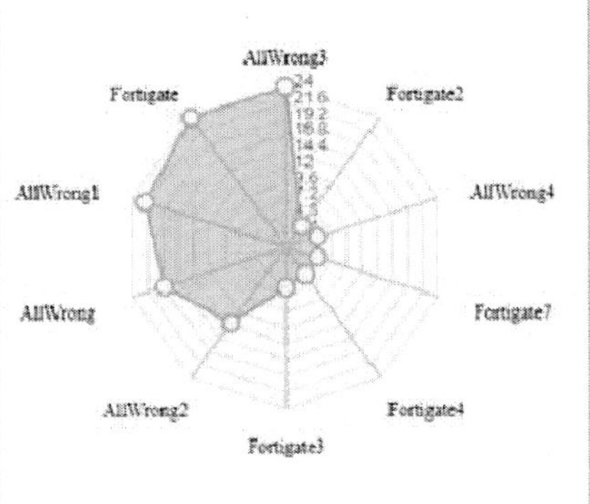

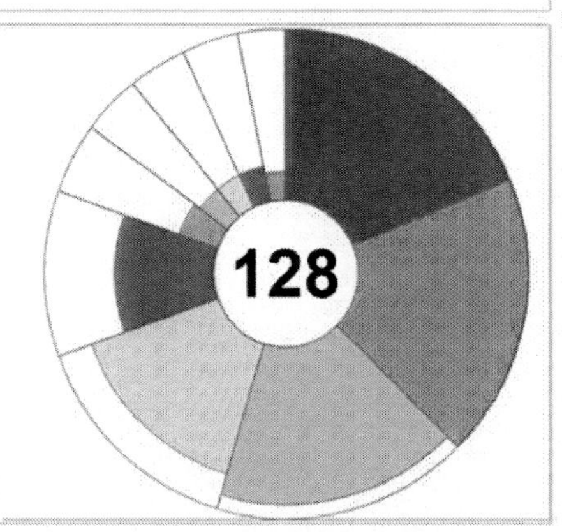

JCAATs-AI Audit Software　　Copyright © 2023 JACKSOFT.

標準化稽核元件客製修改快速上線

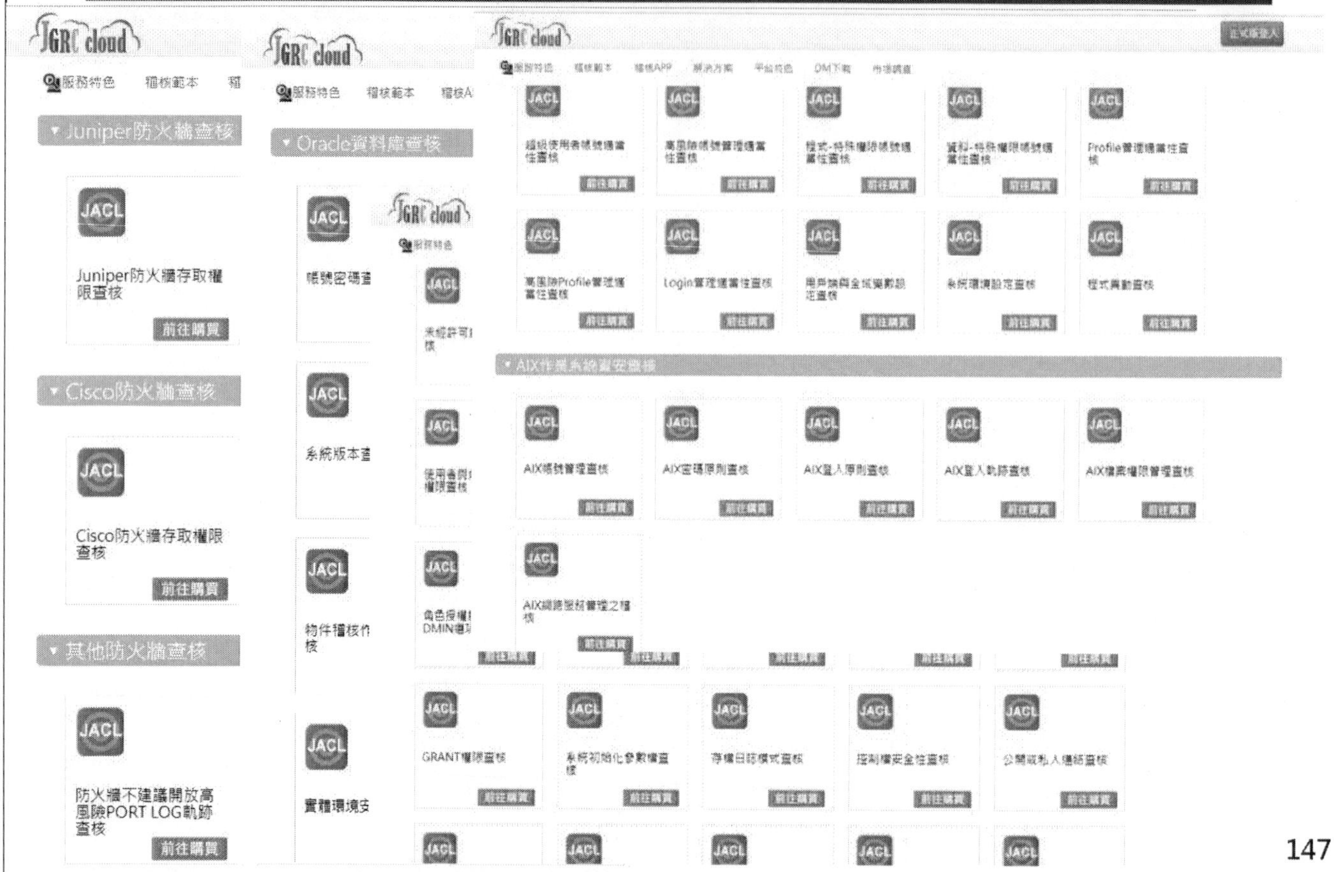

JGRC cloud

服務特色　稽核範本

▼ Juniper防火牆查核

JACL

Juniper防火牆存取權限查核

前往購買

▼ Cisco防火牆查核

JACL

Cisco防火牆存取權限查核

前往購買

▼ 其他防火牆查核

JACL

防火牆不建議開放高風險PORT LOG軌跡查核

前往購買

JGRC cloud

服務特色　稽核範本

▼ Oracle資料庫查核

帳號密碼查

系統版本查

物件權核作核

實體環境安

▼ AIX作業系統安全查核

AIX帳號管理查核

AIX密碼原則查核

AIX登入原則查核

AIX登入軌跡查核

AIX檔案權限管理查核

GRANT權限查核

系統初始化參數檢查核

存取日誌模式查核

控制檔安全性查核

公開或私人連結查核

Copyright © 2023 JACKSOFT.

提高資安治理效果與效率

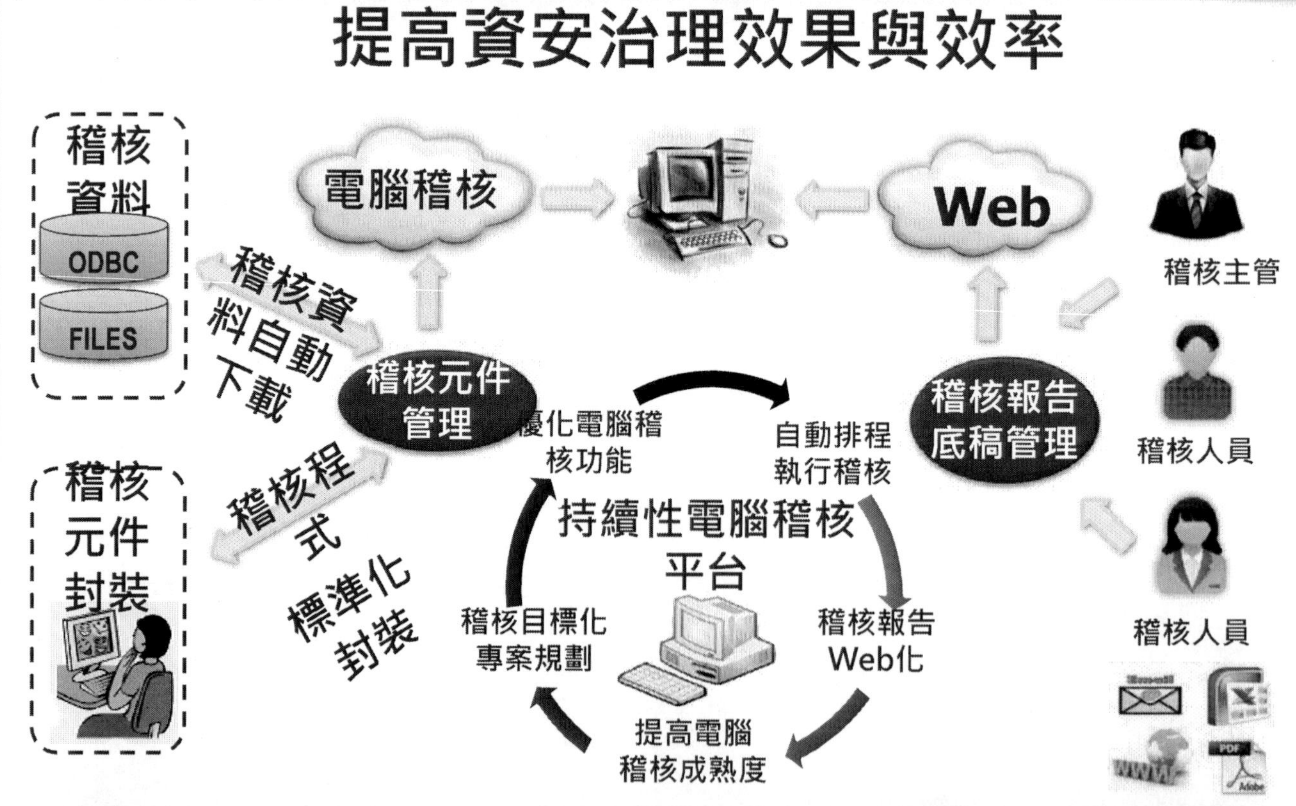

國際電腦稽核教育協會認證教材

AI 智能稽核實務個案演練系列

智能稽核系列

運用AI協助ESG實踐
-以溫室氣體盤查與
碳足跡計算為例

附 試用教育版軟體
+教學演練資料

jacksoft

資訊安全電腦稽核系列

個人資料保護法查核系列

SAP ERP資料分析與查核系列

舞弊鑑識系列

洗錢防制系列

AI稽核教育學院：
https://ai.acl.com.tw/Management/Login.php

稽核自動化商城：https://www.acl.com.tw/ec_shop/index.php
歡迎上網選購

歡迎加入 法遵科技 Line 群組

~免費取得更多電腦稽核應用學習資訊~

法遵科技知識群組

有任何問題，歡迎洽詢 JACKSOFT
將會有專人為您服務
官方Line：@709hvurz

「法遵科技」與「電腦稽核」專家

傑克商業自動化股份有限公司 台北市大同區長安西路180號3F之2(基泰商業大樓) 知識網:www.acl.com.tw
TEL:(02)2555-7886 FAX:(02)2555-5426 E-mail:acl@jacksoft.com.tw

JACKSOFT為經濟部能量登錄電腦稽核與GRC(治理、風險管理與法規遵循)專業輔導機構，服務品質有保障

參考文獻

1. 黃秀鳳，2023，JCAATs 資料分析與智能稽核，ISBN9789869895996

2. 黃士銘，2022，ACL 資料分析與電腦稽核教戰手冊(第八版)，全華圖書股份有限公司出版，ISBN 9786263281691.

3. 黃士銘、黃秀鳳、周玲儀，2013，海量資料時代，稽核資料倉儲建立與應用新挑戰，會計研究月刊，第 337 期，124-129 頁。

4. 黃士銘、周玲儀、黃秀鳳，2013，"稽核自動化的發展趨勢"，會計研究月刊，第 326 期。

5. 黃秀鳳，2011，JOIN 資料比對分析-查核未授權之假交易分析活動報導，稽核自動化第 013 期，ISSN:2075-0315。

6. 杜廣輝，2011，建構防火牆規則管理，嚴守資安門戶，財金資訊季刊，第 67 期。

7. 2021，KPMG，"臺灣企業資安曝險大調查"
https://assets.kpmg/content/dam/kpmg/tw/pdf/2021/03/tw-kpmg-cyber-risk-report-2021.pdf

8. 2020，SANS，"SANS Institute Firewall Checklist"
https://www.sans.org/media/score/ch ecklists/FirewallChecklist.pdf

9. 2019，iThome，"臺灣資通安全管理法上路一個月，行政院資安處公布實施現況"
https://www.ithome.com.tw/news/128789

10. 2018，iT 邦幫忙，"Day 14 傾聽日誌的聲音: Log Analysis & Monitor 日誌分析與監控(2) "
https://ithelp.ithome.com.tw/articles/10195451?sc=iThelpR

11. 2016，痞客邦，"備份 fortigate 防火牆設定檔"
https://helloworld.pixnet.net/blog/post/44288041-%E5%82%99%E4%BB%BD-fortigate-%E9%98%B2%E7%81%AB%E7%89%86%E8%A8%AD%E5%AE%9A%E6%AA%94

12. 2015，行政院資通安全辦公室，"政府機關（構）資通安全責任等級分級作業規定"
https://cc.hdut.edu.tw/ezfiles/3/1003/img/21/104-0714.pdf

13. 2010，Juniper Networks，"Viewing Policy Reports"
https://kb.juniper.net/InfoCenter/index?page=content&id=KB4260&actp=METADATA

14. 2009，Microsoft By Tony Northrup，" Firewalls"，
https://docs.microsoft.com/en-us/previous-versions/tn-archive/cc700820(v=technet.10)

15. 公會新聞，中華民國會計師公會四公會聯合網站，"【全聯會】轉臺灣證券交易所股份有限公司 11 月 21 日臺證上一字第 1071805567 號函，請轉知所屬會員於辦理申請上市案件之內部控制制度專案審查時，應加強資安風險相關事項之審查，請查照。"
https://www.roccpa.org.tw/news/list?id=106ed041a4444e2bb7f38de9c7b77fd5&p=1

16. 維基百科，"保留 IP 位址"
https://zh.wikipedia.org/wiki/%E4%BF%9D%E7%95%99IP%E5%9C%B0%E5%9D%80

17. 臺華科技股份有限公司 工程處經理 崔存得，"防火牆之理論與實務"
https://www.slideserve.com/yoshe/5680759

18. ManageEngine，"Configuring Juniper Devices"
https://www.manageengine.com/products/firewall/help/configure-juniper-firewalls.html#SRXDevicever

19. Manage Engine，"Firewall Change Management"
https://www.manageengine.com/products/firewall/firewall-change-management.html

20. 圖片 1
https://www.shutterstock.com/zh/image-vector/man-climbing-broken-stair-difficulty-business-278704460

21. 圖片 2
https://www.istockphoto.com/vector/abstract-businessman-walks-tightrope-with-confidence-gm465354291-33429856

22. 圖片 3
https://www.cfostrategiesllc.com/blog/avoid-financial-pitfalls/

23. 2021，今周刊，"繼宏碁、仁寶後》廣達遭勒索 5000 萬美元 換回蘋果 NB 設計圖 恐不利台灣科技業"
https://www.businesstoday.com.tw/article/category/183015/post/202104210030/

24. 2021，HENNGE，"Exchange Server 問題層出不窮？微軟遭駭客零時差攻擊"
https://hennge.com/tw/blog/microsoft-exchange-server-attacked-by-hacker-group-hafnium.html

25. 2023，yahoo!新聞 鏡新聞，"電商個資外洩「零裁罰」 數位部：已處分「限期改正」"
https://tw.news.yahoo.com/%E9%9B%BB%E5%95%86%E5%80%8B%E8%B3%87%E5%A4%96%E6%B4%A9-%E9%9B%B6%E8%A3%81%E7%BD%B0-%E6%95%B8%E4%BD%8D%E9%83%A8-%E5%B7%B2%E8%99%95%E5%88%86-%E9%99%90%E6%9C%9F%E6%94%B9%E6%AD%A3-103112198.html

26. 2022，iThome，"強化上市櫃資安措施政策大公開，提供資通安全管控指引，推動加入情資分享平臺"
https://www.ithome.com.tw/news/150803

27. 臺灣證券交易所
https://www.twse.com.tw/zh/

28. 中華民國證券櫃檯買賣中心，"上市上櫃公司資通安全管控指引"
https://dsp.tpex.org.tw/storage/co_download/%E4%B8%8A%E5%B8%82%E4%B8%8A%E6%AB%83%E5%85%AC%E5%8F%B8%E8%B3%87%E9%80%9A%E5%AE%89%E5%85%A8%E7%AE%A1%E6%8E%A7%E6%8C%87%E5%BC%95_final1_20211221111831.pdf

29. 2022，證券暨期貨法令判解查詢系統，"建立證券商資通安全檢查機制"
http://www.selaw.com.tw/LawContent.aspx?LawID=G0100479&ModifyDate=1111228

作者簡介

黃秀鳳 Sherry

現　　任

傑克商業自動化股份有限公司 總經理

ICAEA 國際電腦稽核教育協會 台灣分會 會長

台灣研發經理管理人協會 秘書長

專業認證

國際 ERP 電腦稽核師(CEAP)

國際鑑識會計稽核師(CFAP)

國際內部稽核師(CIA) 全國第三名

中華民國內部稽核師

國際內控自評師(CCSA)

ISO 14067:2018 碳足跡標準主導稽核員

ISO27001 資訊安全主導稽核員

ICEAE 國際電腦稽核教育協會認證講師

ACL Certified Trainer

ACL 稽核分析師(ACDA)

學　　歷

大同大學事業經營研究所碩士

主要經歷

超過 500 家企業電腦稽核或資訊專案導入經驗

中華民國內部稽核協會常務理事/專業發展委員會 主任委員

傑克公司 副總經理/專案經理

耐斯集團子公司 會計處長

光寶集團子公司 稽核副理

安侯建業會計師事務所 高等審計員

作者簡介

孫嘉明 Chia-Ming Sun

現　　任

國立雲林科技大學會計系 教授兼管理學院副院長

產業經營專業博士學位學程主任

專業認證

國際電腦稽核師(CISA)

ISACA CISA 認證訓練講師

ACL 原廠認證訓練講師

ACL 稽核分析師(ACDA)

ICAEA 國際電腦稽核教育協會認證講師

國際 ERP 電腦稽核師(CEAP)

數位鑑識調查員(CHFI)

ISO27001 資訊安全主導稽核員

學　　歷

國立交通大學資訊管理博士

主要經歷

國立雲林科大學會計系暨研究所副教授兼系主任

電腦稽核協會 常務理事/南區分會委員/編譯委員會委員

舞弊防治與鑑識協會 理事

證券公會/金融研訓院 課程講師

企業電腦稽核顧問/研考會風險管理服務團顧問

公務人力發展中心 講座講師

頎邦科技資訊部 主管

慧盟資訊系統 顧問

國家圖書館出版品預行編目(CIP)資料

資通安全電腦稽核 : 防火牆管理查核實例演練 / 黃秀鳳, 孫嘉明作. -- 2版. -- 臺北市 : 傑克商業自動化股份有限公司, 2023.09
面 ; 公分. -- (國際電腦稽核教育協會認證教材)(AI智能稽核實務個案演練系列)
ISBN 978-626-97151-7-6(平裝)

1.CST: 資訊安全 2.CST: 資訊管理

312.76 112015613

資通安全電腦稽核-防火牆管理查核實例演練

作者 / 黃秀鳳、孫嘉明
發行人 / 黃秀鳳、孫嘉明
出版機關 / 傑克商業自動化股份有限公司
地址 / 台北市大同區長安西路180號3樓之2
電話 / (02)2555-7886
網址 / www.jacksoft.com.tw
出版年月 / 2023年09月
版次 / 2版
ISBN / 978-626-97151-7-6